生物质新材料研发与制备技术丛书

李坚 郭明辉 主编

木材表面功能化处理
关键技术

战剑锋 邵霖治 傅敏 编著

U0228811

化学工业出版社

·北京·

内容简介

木材表面功能化处理是提高木制品表面质量,进而提高人工林木材产品附加值的重要手段。本书简要介绍了木材表面功能化的常用方法,着重介绍了其中的木材绿色高温热处理技术、实体木材表面密实化处理技术、木材高温热处理-植物油蜡涂饰浸润组合技术、木材表面疏水化处理技术的工艺过程和参数设置等。

本书适宜从事木材加工和家具生产的技术人员参考。

图书在版编目(CIP)数据

木材表面功能化处理关键技术/战剑锋,邵霖治,傅敏编著. —北京:化学工业出版社,2023.2

(生物质新材料研发与制备技术丛书/李坚,郭明辉主编)

ISBN 978-7-122-42602-4

Ⅰ.①木… Ⅱ.①战…②邵…③傅… Ⅲ.①木材-表面-处理 Ⅳ.①S781.61

中国版本图书馆 CIP 数据核字(2022)第 230588 号

责任编辑:邢 涛　　　　　　　　　　文字编辑:毕梅芳　师明远
责任校对:边 涛　　　　　　　　　　装帧设计:韩 飞

出版发行:化学工业出版社(北京市东城区青年湖南街 13 号　邮政编码 100011)
印　　装:北京天宇星印刷厂
710mm×1000mm　1/16　印张 9¾　字数 179 千字　2023 年 5 月北京第 1 版第 1 次印刷

购书咨询:010-64518888　　　　　　售后服务:010-64518899
网　　址:http://www.cip.com.cn

凡购买本书,如有缺损质量问题,本社销售中心负责调换。

定　　价:99.00 元

前 言

随着人类社会进入新世纪，全球森林资源的管理与利用已经发生了深刻变化，原料资源的生态循环性与森林工业的可持续经营成为了时代的鲜明特征，森林产业资源所具有的绿色、天然、环保特征成为木材工业产品的核心竞争力。如今我国的木材工业资源实现了结构性转变，现有的人工林速生木材资源，如杨树、落叶松、桉树、杉木等，将成为未来一段时间内加工用原料的主要来源。如何处理人工林速生木材低质、产品综合附加值低与人们对优质木质建筑材料的需求之间的矛盾，是木材科学与工程产品研发生产人员必须面临的技术挑战。

作为提升木质原料产品品质的一种重要技术手段，木材表面功能化处理是通过物理、化学、机械的手段处理木材，改变其表面的颜色与纹理、胞壁结构、密度与强度、化学成分、微观形貌等特征，使得木材的整体（或局部）性能得到改善或获得新的性能。传统的木材表面功能化处理手段主要指木材表面涂层处理（有机聚合物涂层、无机-有机聚合物复合涂层等），随着科学技术的进步与大众消费需求的提高，一些新的物理、化学、生物处理手段不断应用于材料表面功能化处理。木材表面功能化处理技术范畴得到了扩展与深化，例如木材高温热湿处理、木材表面强化处理、木材表面疏水处理等。各类新型表面功能化处理技术的发展、应用、完善，为各类低质人工林速生材原料的高质量、高附加值利用提供了新的方向。

基于此，编著者在实体木材功能化处理领域进行了广泛的技术调研与总结分析，参考了国内外相关领域专业书籍、研究文献、技术法规，从发展的视角概括了国内木材表面功能化处理领域近 20 年以来取得的科学技术成果与工业应用案例，结合我国国情并部分借鉴了国外最新的先进技术与实践经验编写了本书。本书详细介绍了木材绿色高温热处理技术、实体木材表面密实化处理技术、木材高温热处理-植物油蜡涂饰浸润组合技术、木材表面疏水化处理技术等的理论与工艺，总结了成熟工艺的操作要点与技术细节，运用各类图表信息进行辅助说明，力求做到内容通俗简洁、工艺由浅入深，便于读者汲取知识、收获启迪。

本书由东北林业大学战剑锋、邵霖治、傅敏合作编著而成。在文献整理与书稿写作过程中，东北林业大学材料科学与工程学院郭明辉教授提供了宝贵的技术指导与修改建议。此外，还学习、参考了国内外相关领域专家学者的研究成果，引用了其中一些重要的观点与经验总结，在此表示衷心感谢。

本书可作为木质建筑装饰装修、风景园林规划、家具设计与制造等涉及木质建材领域的工程技术人员参考使用，亦可供高等院校木材科学与工程、产品设计等相关专业领域学生参考。

限于编著者水平所限，书中不足之处，期望得到读者的批评指正。

编著者
于东北林业大学

目 录

0

绪　论

0.1　自然、环保、智能的材料——天然木材

　　木材来自自然界的森林生态系统，是由纤维素、半纤维素、木质素及少量抽提物（有机或无机）构成的天然生物质材料。木材原料来源于树木经机械锯割加工后的木质部组织，保留了生物原始结构、颜色、气味、质感、纹理等树木特征。与金属、塑料、橡胶、水泥等材料相比，木材可实现环境和谐、永续利用、低碳节能减排，是一种真正可持续的"多 R 材料"（reduce——易于加工，用量少；reuse——重复使用；recycle——循环利用；recovery——回收利用；regrowth——可再生；等等），具有如下特性。

　　天然生态环保性：天然木材具有独特的生态学属性与环境学品质，专享自然美与艺术品位，如朴实的色彩、柔和的纹理、天然的花纹，在碳素形成与储存、环境减排与节能等领域发挥着不可替代的作用。

　　自然结构分级性：植物细胞壁组织的多尺度分级布局形成了木材多孔型-三维异形构架。从毫米级的胞腔孔隙到微米级的胞壁结构，再到纳米级的大分子构型，木材内自然存在的精细分级毫-微-纳米孔隙通道既是水分子、矿物离子、气体的输运通道，又为各类木材物理-化学改性机制提供了结构支撑，是实现木材功能性改性目标的物质基础。

　　生物智能调控性：木材天然生物结构与组成物质赋予其独特的智能材料属性，体现在其对环境温度、湿度的智能调控，在"木材-人类-环境"关系中实现了生物调节机制（如心理、生理应答，微空气质量调控等）。天然三维孔隙结构赋予木材智能记忆效应，如应力记忆、应变记忆导致的木材"冻结应变"

(frozen strains) 现象，与机械吸附蠕变机制类似，在干燥、加热、加压、弯曲、建筑结构维护等木材加工技术环节广泛存在。

0.2　木材表面功能化处理基本概念

进入新世纪以来，我国木材工业资源发生了结构性转变，人工林速生材杨树、落叶松、桉树等成为我国商品材原料的主要来源。与天然林木材相比，人工林木材存在许多不利因素，如原木径级小、幼龄材含量高、材质疏松且变异性大、组织纹理不清晰、机械强度偏低、耐腐耐候性差等，导致其综合附加值低，应用领域受到限制。

随着纳米科技及其他先进制造技术的发展，木材功能化处理的技术范畴得到整合、拓展与延伸。针对人工林木材固有的特征与缺陷，通过自上而下的物理-化学综合处理方法，开发具有特殊功能的木材表面功能化材料，是拓展人工林速生木材应用领域、提高产品综合价值的有效途径。

木材表面功能化处理涉及木材的干燥与热处理、改性、涂饰、机械加工等多个技术领域，泛指通过物理、化学、机械的手段处理实体木材，改变其表面的颜色与纹理、胞壁结构、密度与强度、化学成分、微观形貌等特征，使得木材的整体（或局部）性能得到改善或获得新的性能。

0.3　木材表面功能化处理技术方法

0.3.1　木材表面涂层处理

木材表面涂层处理涵盖了有机聚合物涂层、无机纳米/有机聚合物复合涂层、无机纳米粒子表面薄膜等技术分支。其中有机聚合物涂层归属木材涂饰技术，主要采用水性聚丙烯酸酯类、聚氨酯类有机化合物及改性树脂涂覆于木材表面，使木材具有较好的光泽度、耐磨性、耐化学性、防水防油等优异的使用性能；无机纳米/有机聚合物复合涂层通过将 SiO_2、ZnO、TiO_2、纳米黏土等无机颗粒分散在聚合物中，涂层材料兼具聚合物和无机粒子的优点，在耐磨性、抗紫外线、韧性等方面具有突出的效果；无机纳米粒子表面薄膜通过前驱体溶液的水解、缩聚反应而交联固化成纳米网络结构包覆在木材表面，或者是无机纳米粒子通过水热法等成核生长在木材表面，由无机粒子层为木材带来特殊功效。

0.3.2　木材高温热湿处理

高温热湿处理是到目前为止工业化最成功、经济效益最显著的木材改性措施。木材高温热湿处理逐步成为我国木材行业的热点，主要有 4 种典型工艺：①用喷灯或明火烘烤木材使其表面炭化呈焦黄或黑色；也可在木材炭化前后用钢丝刷刷去表面的早材，留下深色的晚材，使纹理的立体感增强。②采用简易的自然循环加热罐体（常用防腐罐改装而成）对木材进行加热处理。由于没有强制气流循环及调湿装置，故木材炭化严重不均匀。③在压机的热压板之间，放置 3～4mm 薄木（俗称木皮），通过与高温热压板接触使其炭化。加热过程中需适时张开热压板，使薄木干缩，以免其开裂。此外，应防止温度过高，薄木接触空气而着火。④在专业设计的处理装置内，按照预定的工艺进行处理，采用过热蒸汽作为保护气体。通常处理罐的容量 6～16m³，处理窑的容量 15～35m³。

0.3.3　木材表面染色处理

木材天然孔隙结构有利于小分子进入，通过漂白、染色、化学着色等手段能够赋予木材特殊视觉效果，而合成树脂浸渍则能有效改善木材力学性能，将木材染色与其他功能化改性相结合，实现木材的多功效染色，可提升人工林木材的利用价值。木材染色工艺主要有恒温浸渍法、真空浸渍法以及冷热交替法等，影响木材染色效果的主要因素有染料种类、浓度、压力、浸染时间、温度、助剂种类及添加量等。

0.3.4　木材表面强化处理

木材表面强化是先对木材进行汽蒸或水煮处理，实现表面组织软化，随后在热压机上将木材热压至预定厚度，改善木材特定区域的密度和强度。经过高温热压密实化处理后，木材表面密度和力学强度会显著提高，但由于木材具有黏弹性，当压力释放后，随着周围环境温度、湿度的变化，木材压密处理区域会产生弹性恢复。为实现表面压缩变形的固定化，通常采用压密化与热改性相结合的方式，可显著提高处理材的尺寸稳定性、耐久性及力学强度。

0.3.5　木材表面疏水处理

在木材表面构建疏水界面需要实现如下目标，即木材表面水滴接触角＞

150°，滚动角＜10°。木材表面超疏水性能的实现，将使水分等液滴难以停留在木材表面，有助于隔离木材与水分接触，防止水分导致木材利用过程中腐朽、虫害现象的发生。木材超疏水表面仿生构建的方法主要有表面涂覆、水热法、溶胶-凝胶法、层层自组装、湿化学法，以及在低表面能修饰中使用的化学气相沉积法等。

0.4 木材表面功能化处理技术发展方向

木材表面涂层处理应大力开发绿色环保的无机纳米——水性高分子树脂涂层技术，将无机纳米粒子和木材复合，将无机纳米材料利用真空浸渍或高温高压等方法浸入木材组织内部，形成分散相，作为强化组织，从根本上改善木材性能。

木材高温热湿处理在基础研究和产品性能上都有进一步提高的空间。从工艺创新与优化角度出发，探索实现热处理材稳定性和耐久性提高与力学强度有限降低技术措施，将木材高温热处理与表面压缩结合提高热处理材力学性能；热处理材色稳定性增强、色彩方案优化是一个重要的研究课题，通过不同木材组织热处理工艺调节，不同类型热处理工艺合理组合，加强对主要应用材种的构成与材性分析，需要对热处理的材色调节机制进行进一步的探索。

木材表面染色与其他功能性改良相结合，开发木材多功能染色改性剂，在解决染色渗透性、匀染性、耐水和耐光性等问题的同时，赋予染色材优良的尺寸稳定性、力学强度及其他性能，是目前木材染色发展的主要方向。从功能拓展、专用染料研发、染色智能化、生态染色和纳米结构仿生染色等方面加强木材染色研究，发展多功能化、智能化和生态化的现代木材染色。

木材表面强化处理已在压缩木预处理软化、整形定型和尺寸固定等理论研究方面形成体系，为压缩木的实际生产提供技术支撑。下一步有必要在高效型木材压缩改性技术开发、复合型木材压缩改性技术开发和森林-压缩木价值链评估方面取得突破，这将对推动木材压缩改性技术向商业化发展以及实现压缩木的高附加值利用具有重大意义。

木材表面疏水处理对拓宽材料使用范围、提高产品使用寿命意义重大，在仿生可控构建、疏水层与基材界面结合、疏水层耐候耐久性、疏水处理后对环境的影响评价等方面需要加大基础研究。今后的研究实践应从革新方法及优化工艺角度出发，降低制造过程成本，提高设备稳定性，实现商品化应用；从仿生学角度出发，探索人工合成具有多功能化、智能化、自修复功能的疏水木材表面，以进一步拓展超疏水性木材表面的应用范围，使之能够应用到生产和生活实践中。

参考文献

［1］ 李坚. 木材对环境保护的响应特性和低碳加工分析［J］. 东北林业大学学报，2010，38（06）：111-114.

［2］ 李坚. 木材的生态学属性——木材是绿色环境人体健康贡献者［J］. 东北林业大学学报，2010，38（05）：1-8.

［3］ Ugolev B N. Wood as a natural smart material［J］. Wood Sci Technol，2014，48（03）：553-568.

［4］ Zhan J F，Avramidis S. Evaluation strategy of softwood drying stresses during conventional drying: a newly proposed "mechano-sorptive creep gradient" concept［J］. Wood Sci Technol，2017，51（05）：1033-1049.

［5］ 王成毓，杨照林，王鑫，等. 木材功能化研究新进展［J］. 林业工程学报，2019，4（03）：10-18.

［6］ 王百灵，冯苗，詹红兵. 木材表面功能化改性的研究进展［J］. 中国表面工程，2013，26（06）：9-17.

［7］ 顾炼百. 木材改性技术发展现状及应用前景［J］. 木材工业，2012，26（03）：1-6.

［8］ 李坚，段新芳，刘一星. 木材表面的功能性改良［J］. 东北林业大学学报，1995（02）：95-101.

［9］ 刘强强，吕文华，石嫒，等. 木材染色研究现状及功能化展望［J］. 中国人造板，2019，26（09）：1-5.

［10］ 刘明，吴义强，卿彦，等. 木材仿生超疏水功能化修饰研究进展［J］. 功能材料，2015，46（14）：14012-14018.

［11］ 刘峰，王成毓. 木材仿生超疏水功能化制备方法［J］. 科技导报，2016，34（19）：120-126.

1

木材绿色高温热处理技术

1.1　木材高温热处理技术概述

　　木材高温热处理是将木材置于温度为 160~240℃ 的低氧环境下，以湿热空气、惰性气体、水、植物油为传热-保护媒介，在一定的环境压力（常压、负压、高压）下对材料进行改良处理的木材加工方法。木材高温热处理是一种具有广阔发展前景的绿色木材加工方法，在实际生产过程中无需添加化学药剂，污染少，生产工艺易于实现自动化、智能化。高温热处理木材也称为热改性木材（或炭化木），具有良好的尺寸稳定性、生物耐腐性和耐候性，是一种性能优良、颜色美观且环境友好的绿色产品，不会对人和居住环境产生任何危害。

　　作为一项具有近百年历史的木材改性技术，木材高温热处理起源于 20 世纪20 年代的美国与欧洲，其早期研究主要侧重于材料平衡含水率、尺寸稳定性、耐久性及力学特性；进入 80 年代后材料质量损失、润湿性、木材色泽、成分化学转化等成为研究重点；近 10 年来研究人员开始关注热处理木材的质量评估、过程模拟、材料性能改进的内在机理。在热改性木材的商品化推广方面，欧盟国家走在了世界前列，先后出现了一批专利化、商品化的制造工艺（或成型产品），如芬兰的 ThermoWood®、荷兰的 Plato Wood、德国的 OHT-Oil 技术、法国的 Rectification 工艺与 Bois Perdure 工艺、丹麦的 WTT 工艺、奥地利的 Huber Holz 工艺等。芬兰的 ThermoWood® 工艺体系采用常压过热蒸汽作为传热与保护介质，木材干燥和热改性可在同一设施内完成，具有设备简单、投资小、易于大规模操作等优点，是欧洲地区产业化程度最高、商品化推广最成功的木材热改性技术。国际上具有代表性的木材热处理工艺方法及其技术参数如表 1-1 所示。

表 1-1　木材热处理的主要代表性工艺类别及其技术参数

热处理工艺类别	工艺名称	国家	工作介质	处理温度/℃	加工周期/h	工作容积/m³
常压	ThermoWood®	芬兰	水蒸气	185～215	36～72	>10
	Bois Perdure	法国	水蒸气	200～240	12～18	10
	HukerHolz	奥地利	水蒸气	160～220	50～90	34,54
	ATK	意大利	水蒸气	160～230	24～72	—
	Menz Holz	德国	植物油	210～220	20～40	15
	Retification	法国	氮气	210～240	>24	4～20
加压	WTT	丹麦	水蒸气	140～210	12～24	6～23
	Moldup	丹麦	水蒸气	160～230	6～10	2～20
负压	Thermovuot	意大利	空气	190～230	—	25
	Vacu	德国	空气	170～230	—	—
组合	Plato Wood	荷兰	水	150～180	84～108	20
			水蒸气	150～190		80

1.2　国际主流木材高温热处理工艺

1.2.1　芬兰的 ThermoWood® 工艺

1.2.1.1　研发与推广背景

芬兰国家技术研究中心（Technical Research Centre of Finland，VTT）成立于 1942 年，是北欧地区领先的国家级研究与技术开发机构，研究方向包括生物经济、健康与民生、数字社会、低碳能源、智能化工业、可持续与智能化城市等，其提供的知识与技术约占芬兰创新体系总值的 36%。芬兰的木材热改性技术（ThermoWood®）的工业化研发工作正是由芬兰国家技术研究中心、米凯利环境技术研究院（YTI the institute of Environmental Technology in Mikkeli）、坦佩雷技术大学（TUT Tampere University of Technology）等研究机构、高校及木材工业企业同步发起并实施的。

芬兰热改性木材协会（Finnish ThermoWood Association）成立于 2000 年，随着 ThermoWood® 技术的快速发展，该协会于 2008 年更为现名"国际热改性木材协会"（International ThermoWood Association，简称 ITWA）。芬兰国际热改性木材协会的主要任务包括在全球推广芬兰的木材热改性技术（ThermoWood®）、拓展热改性木材的使用领域，在欧盟国家政府与成员企业间架设沟通协调机制，推动木材热改性技术研发，对成员企业生产的热改性木产品质量进行监控。由该组织出版的《热改性木材手册》（*ThermoWood® Handbook*）对该项技术做了详尽的介绍，主要包括背景介绍、原材料、木材热改性加工过程、热改性木材特性、热改性木材机械加工、热改性木材利用、热改性木材的运输与储存等 7 个方面。

1.2.1.2　工艺要点

典型的芬兰热改性处理工艺由升温与高温干燥、热改性处理、冷却与水分平衡处理 3 个阶段组成（如图 1-1 所示）。

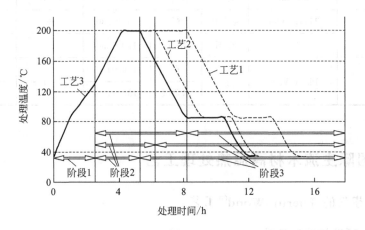

图 1-1　芬兰木材热改性处理工艺

（1）阶段 1——升温与高温干燥

在高温、高湿状态下，处理室温度快速升高至 100℃左右；随后环境温度稳步升高至 130℃，在此期间木材处于高温干燥过程，含水率降低至近绝干状态。

（2）阶段 2——热改性处理

在木材高温干燥的同时，将处理室温度从 130℃快速提升到热处理目标温度（基于热处理工艺要求，在 185～215℃之间）。达到目标温度后，温度保持固定不变（基于最终用途的要求，在 2～3h 之间）。在干燥与热改性处理阶段，保持处理室的良好气密性，通入高温水蒸气作为保护气，防止热处理过程中木材燃烧，同时还将对热改性过程中木材化学成分变化产生影响。

（3）阶段 3——冷却与水分平衡处理

热处理过程结束后需要对热改性木材进行水分平衡处理。首先按照操作规程将木材温度降低至 80～90℃，温度降低过程中应尽量通入高压水雾或水蒸气，使木材在高湿环境下实现温度降低。待木材温度达到 80～90℃，调整环境湿度使经热改性后的木材重新吸湿平衡，达到最终使用环境要求（根据最终用途要求，在 5%～7%范围内）。依热改性温度与木材树种特性，平衡处理将持续5～15h。

1.2.1.3 技术范畴

（1）专利化的木材改性加工工艺

在芬兰，木材热改性的工业化生产由 VTT 与相关木材加工企业联合研发，核心技术由 VTT 申请专利，主要适用于欧盟国家、英国、日本、美国、加拿大。

（2）热改性木材质量控制体系的制定

芬兰热改性木材的质量控制体系是由第三审计方的 Inspecta Oy 认证机构来制定的，该组织可以授权热改性木材生产企业使用相应的检测标志。热改性木材产品的质量控制体系制定的主要依据是，对于所有热改性木材生产者应满足简便、稳定、适用、可应用于产品生产过程。

热改性木材质量控制体系由如下部分构成：a. 原材料质量的抽取与检测；b. 热改性加工过程参量指标；c. 改性后木材质量的控制；d. 产品包装与储运的技术指导。

（3）热改性产品生命周期分析

芬兰热改性木材的产品生命周期分析由伦敦帝国理工学院实施，采用的评估方法是 ISO 14040 标准。产品生命周期分析框架由 4 部分组成：目标与领域定义；存货总值分析；影响因素分析；结果解释说明。该生命周期分析结果显示充分考虑生产过程以及生命周期内的使用情况与最终处理，这种热改性木材产品具有成为生态型建筑材料的潜力。

（4）原材料的认证处理

芬兰林业认证系统（Finnish Forest Certification System，FFCS）是基于芬兰国家经济社会发展实际建立的林业认证体系，以确保经认证的芬兰林业资源与生产资料实现稳健的管理与使用。该认证系统拥有用于林业认证的所有重要内容：林业资源管理要求；监管证明的使用与分配；用于外部审核的质量标准的使用。芬兰林业认证协会（Finnish Forest Certification Council）将林业资源认证标志使用权分配给合格的生产企业。在芬兰，用于木材热改性加工的原木材料90%来自经林业认证的森林。

（5）产品标准化

芬兰国际热改性木材协会于 2003 年完成了热改性木材产品的分类，根据热处理最高温度将热改性木材分为 S 类与 D 类，简要分类信息如表 1-2 所示。

表 1-2　热改性木材分类信息

分类标记	S 类		D 类	
	针叶材	阔叶材	针叶材	阔叶材
温度/℃	190±3	185±3	212±3	200±3
处理时间/h	2～3	2～3	2～3	2～3

提供给工业客户的热改性木材产品的实际加工工艺细节一般是按照供求双方预先拟定的协议来执行，热改性木材生产商可以根据最终产品用途对其加工工艺做特殊优化处理，在此条件下制造的热改性木材将不能严格划分到表中的规定类型。

1.2.1.4　常用树种

总体来看，热改性处理可用于不同种类树种木材。但原料的原始属性必然影响热处理产品的最终质量。目前，ThermoWood® 产品仅来自表 1-3 所列树种木材原料。现有研究表明这些树种原料能够满足热处理材料的各项质量要求。

表 1-3　可用于制造 ThermoWood® 产品的木材树种信息

树种名称	材种类型	硬度类型	原产地	产品类型
苏格兰松	针叶材	软材	北欧波罗的海	Thermo-D,Thermo-S
挪威云杉	针叶材	软材	北欧波罗的海	Thermo-D,Thermo-S
辐射松	针叶材	软材	新西兰,智利	Thermo-D,Thermo-S
白桦	阔叶材	硬材	北欧波罗的海	Thermo-D,Thermo-S
黑杨	阔叶材	软材	北欧波罗的海	Thermo-D,Thermo-S
水曲柳	阔叶材	硬材	欧洲,北美	Thermo-D,Thermo-S
白梧桐	阔叶材	硬材	非洲	Thermo-D,Thermo-S
非洲柚	阔叶材	硬材	非洲	Thermo-D,Thermo-S

用于加工 ThermoWood® 产品的板材名义断面规格尺寸如表 1-4 所示。针叶板材长度介于 2.7～5.7m 之间，阔叶板材长度介于 1.8～4.2m 之间，其他规格与尺寸需要预定处理。

表 1-4　ThermoWood® 产品原料断面规格

树种	断面规格/mm			
苏格兰松	32×75 38×100	25×100 32×100 38×100 50×100	25×125 32×125 38×125 50×125	25×150 32×150 38×150 50×150	32×200
挪威云杉		32×100 50×100	25×125 32×125 38×125 50×125	32×150 38×150 50×150	
黑杨，白桦，水曲柳	19×100 22×100 25×100 28×100 32×100	22×125 25×125 28×125 32×125	22×150 25×150 28×150 32×150	32×200

1.2.1.5　生产应用

芬兰国际热改性木材协会现有成员企业 25 家，包括热改性木制造企业 16 家，热改性设备研发商 1 家，合作伙伴 8 家，分布在欧盟、日本、伊朗等国家或地区。据国际热改性木材协会官方网站显示（图 1-2），该协会自成立起开始统计芬兰热改性木材的年产量、产品国际市场份额、热改性用木材树种分布、各类木材热改性产品所占比例等信息。2001～2020 年期间，芬兰热改性木材产量呈逐年增长趋势，由 1.88 万立方米增长至 23.69 万立方米，总产量在 20 年间增长了近 12 倍。

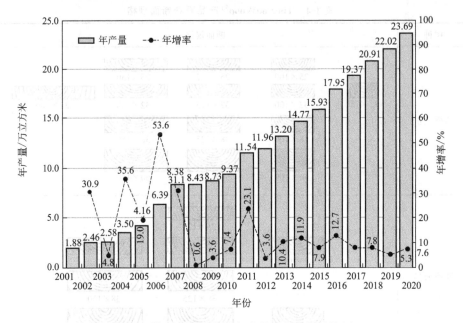

图 1-2 芬兰热改性木材年产量与年增率趋势图

芬兰等北欧国家木材工业原料主要来自苏格兰松与挪威云杉两个针叶树种，用于木材热改性的树种也主要来自这两种针叶材树种。近五年来，苏格兰松占芬兰热改性木材的 45%～52%，挪威云杉占 40%～46%，其他树种约占 8%～10%。

1.2.1.6 质量管控

在芬兰国际热改性木材协会的支持下，德国哥廷根大学基于 ThermoWood® 工艺，测试了苏格兰松与挪威云杉热改性木材工业化生产过程中的产品质量。研究人员采用光学-电子显微技术，重点分析了常规干燥后、热改性高温干燥阶段、热改性平衡处理阶段木材的宏观-微观解剖缺陷特征。热改性前期的高温干燥处理阶段（含水率接近零）的工艺参数调控是影响木材开裂变形的关键环节；木材表面的开裂可以通过刨削加工来消除，然而木射线、上皮细胞及早材管胞的轴向裂隙等微观缺陷特征仍然存在，并导致热改性木材较常规室干木材在受环境湿度变化时更易出现开裂现象。在热改性木材室外应用阶段，板材内表面（接近木材髓心侧）产生的裂隙缺陷少于其外表面（接近木材形成层侧）。应对以上木材缺陷的有效措施有：热改性木材原料的合理分类，尽量选用高质量的室干材木料；选用适当的热改性木材涂料，滋润和保护木材组织；在室外应用时尽量使板材内表面侧外露。

1.2.2　其他木材热处理工艺

1.2.2.1　法国 Retification 工艺

法国 Retification 工艺的主要特征是利用氮气等惰性气体作为保护气体，在具有高气密性的电加热处理设备中对木材进行热处理，处理温度在 210～240℃之间。这项技术最早由法国的 Écoledes Mines de St. Etienne 公司开发，随后 NOW（New Option Wood）公司取得了该项技术的专利使用权，其产业化应用始于 1995 年。经 Retification 工艺处理后的木材可以得到很好的耐久性，但其机械强度会降低。此工艺中温度的微小变化会对木材的最终材性产生非常重要的影响，因此需要非常精确地控制温度。在 210℃处理木材，木材的机械强度基本上不会减少，但其耐久性也不会有太大的增加；在 230～240℃范围内处理木材可以得到更高的耐久性能，但木材的静曲强度同时会降低 40%，材质变脆。

1.2.2.2　荷兰 Plato 法

荷兰 Plato 法采用的是三段处理法：第一阶段以高压高温水作为传热介质，对木材进行水热处理，处理温度为 160～220℃，时间为 4～5h，此阶段需要配套安装生物净化装置处理工艺过程中产生的废水；第二阶段为常规干燥阶段；第三阶段在类似高温干燥窑的设备内，采用过热蒸汽或湿球温度低于 100℃的干热空气，在常压下对木材进行干热固化处理，温度一般控制在 170～190℃之间，时间在 15h 左右。一般整套工艺流程大约需 6～9 天。此项工艺技术的设备投入较高，全世界只有荷兰的 Plato 公司拥有该技术的专利权以及具体的生产工艺和组织管理经验，其产品主要销往荷兰、比利时、德国等国。

在工艺实践中 Plato 工艺包含两次热处理，共有 5 个步骤：①木材预干燥。湿材可直接水热处理。但试验表明，将木材预先干燥至含水率 18%左右，可显著提高处理材的质量。②水热处理。预干后的木材装载到不锈钢水热处理罐中，以水或饱和蒸汽为加热介质，在 150～180℃下进行热处理。水环境可使升温控制精度更高，窑内温度分布更均匀，同时避免了冷却阶段木材的干燥。然而，用该工艺处理阔叶材和低渗透性针叶材时效果不理想。如果采用饱和蒸汽对预干后的板材进行处理，则可以获得很好的表观质量。③中间干燥。木材在水热处理后干燥，可在常规木材干燥窑中完成，终含水率设定为 8%～9%。④干热处理。在第 2 个热处理阶段，窑干材置于常压蒸汽或氮气环境中，热处理温度为 150～190℃。⑤木材调湿。将接近绝干状态的热处理木材，再次装入常规干燥窑，用饱和蒸汽进行调湿处理，将含水率升至 4%～6%。

1.2.2.3 德国 Oil Treated 法

德国 Oil Treated 法的工艺特点是在密封的处理罐内，利用亚麻籽油、油菜籽油和葵花籽油等天然植物油沸点比较高的特性，以其作为传热介质，对木材进行热处理。处理温度通常为 180～220℃，处理时间为 2～4h，对于长 4m、规格为 100mm 的方材，整套工艺流程约需 18h。德国 Menz Holz 公司采用菜籽油为介质，其优点是木材受热更加均匀，处理温度的控制也更加精确。菜籽油的沸点远高于水，因而处理环境可保持常压水平。但木材与油在处理过程中会发生相互作用，热油在使用寿命终结后存在收集和处理的问题。

1.2.2.4 丹麦 WTT 技术（加压）

丹麦 WTT 和 TWT 等公司实现了加压木材热处理产业化应用。典型的加压热处理环境由蒸汽实现，也有采用热水为介质。在相同温度下，蒸汽压力越高，环境湿度越大，对木材物理和化学变化的影响越大。一方面，高湿环境可在较低的温度下，使木材细胞壁中的无定型化合物软化，增加其流动性与反应活性；另一方面，密封的加压环境，使木材的酸性热解产物聚集在处理装置中，作为催化剂可加速木材的热解反应。采用加压蒸汽环境的 WTT 和 Moldup（IWT）工艺，其处理周期明显短于其他处理工艺，理论分析的结论与产业实践结果一致。然而，由于系统密封性的要求，处理装置一般只能采用罐式结构，其容积大多不足 20m³，而常压系统的处理窑容积可高达 150m³。要达到相同产能，加压系统的投资成本偏高，且运行中还需考虑安全性问题。

1.2.2.5 意大利 Termovuot 法与德国 Vacu 法（负压）

这两项技术均采用负压条件进行木材热处理，该工艺的压力范围一般为 0.015～0.035MPa，加热方式有对流或接触传导两种。负压热处理系统的特点是无需额外的保护气，只需将部分空气抽出装置即可产生惰性环境；木材在热处理过程中挥发出的有机气体，如甲酸和乙酸，也被排出装置，减少了对木材热解的催化作用，使得热处理条件更加温和，并有助于减少对处理装置的腐蚀，消除处理材的气味。

Termovuot 法通过对流对木材进行加热，而 Vacu 法则采用热板对木材进行接触式加热。相比对流加热，接触式加热的效率更高，板材表面温度分布更均匀，而且金属热板的压力也抑制了板材的变形，但是处理室的有效容积会因此而减小。

和加压热处理类似，负压条件也限制了热处理装置的容积。另外，由于对热解有促进作用的水分和有机挥发物都被抽到窑外，负压热处理的温度略高于其他热处理技术的温度。

1.3 我国木材高温热处理产业

1.3.1 产业现状

进入 21 世纪以后，木材热改性技术正逐步成为我国木材工业热点，这种趋势可以从近 10 年来发表在中国木材干燥研究会议论文集与相关学术、技术刊物中的研究类文章数量体现出来。与芬兰等欧洲国家不同，我国尚无涉及热改性木材的专业学会或行业协会机构，有关国内热改性木材产量、销量、原料树种分布等方面尚无年度精确数据。据中国木材保护工业协会编制的 2016—2020 年发展规划材料显示，2015 年我国热处理木材（炭化木）产量约 5 万立方米，改性木材产量约 12 万立方米；又据中国木材保护工业协会 2016 年工作报告，2016 年国内热处理木材（炭化木）和改性木材总产量超过 20 万立方米。综合以上数据与业内权威学者的报道，目前我国热改性木材年产量约为 10 万立方米。同时，我国具有一定规模的热改性木材生产商（年产量达到 5000m³ 以上），多为一些专业防腐木、木地板制造企业，主要分布在长三角与珠三角经济区。

按照改性过程采用的传热-保护介质成分与状态区分，我国木材热改性企业采用的制造工艺主要有常压过热蒸汽、热空气、氮气、真空过热蒸汽、压力蒸汽、植物油、高温水-蒸汽组合等多种方式。笔者通过检索 CNKI 网络（中国知识基础设施工程）得到了近 20 年来公开发表在国内主要林业/木材刊物上的木材热改性工艺方面的研究论文，并按照工艺进行了初步统计分析。如图 1-3 所示，采用常压过热蒸汽为传热-保护介质的文献报道约占总量的 50％以上；除热空气介质外，其他方法的总和不及常压过热蒸汽的 25％。

1.3.2 原料利用情况

鉴于我国木材工业的原料资源现状，热改性木材的原材料来源也显示出了多样化的布局，如图 1-4 所示。

综合文献处理与分析数据，共有 33 个树种的木材原料被用于热改性处理，按照出现频次统计的前 8 位树种是杨木、樟子松、杉木、落叶松、水曲柳、圆盘豆、柞木、桉树，其中杨木、杉木、落叶松、桉树均为人工林速生类树种。

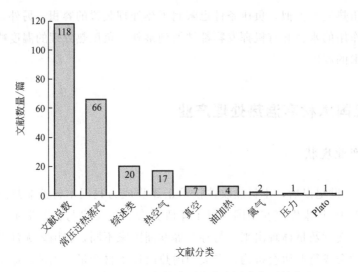

图 1-3 2002～2022 年间公开发表在国内主要林业/
木材期刊上的热改性木材工艺类型分布

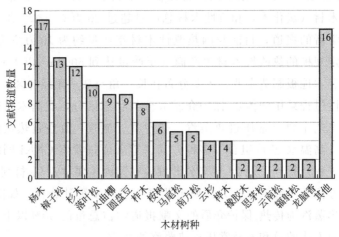

图 1-4 我国木材工业热改性木材用原料树种分布情况

1.3.3 标准化

我国热改性木材的标准化制定由国家商务部提出，目前有炭化木行业标准（SB/T 10508—2008）、炭化木国家标准（GB/T 31747—2015）两个标准，分别于 2009 年 7 月、2015 年 11 月开始正式实施。以国家标准（GB/T 31747—2015）为例，其将热改性木材按照使用环境分为室外级和室内级，按照使用功能分为装饰用与结构用，分别对应 ThermoWood® 标准的 D 类与 S 类（表 1-5）。

表 1-5　热改性木材使用分类及材性指标（自 GB/T 31747—2015）

分类标记	室外级		室内级	
	针叶材	阔叶材	针叶材	阔叶材
推荐热改性温度/℃	205～220	190～210	180～200	180～190
使用范围	非承重结构用材		承重结构用材	
含水率	4%～8%			

1.3.4　热处理设备

一套规范的木材热处理设备由四部分构成，包括锅炉、热处理室、排气净化装置和控制系统（图 1-5）。这套系统较简单，在工艺上无需添加任何化学药剂，

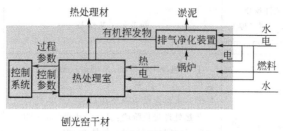

（a）工作原理示意图(自顾炼百等，2019)

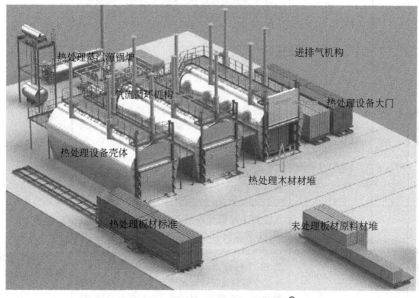

（b）设备平面布置图(自芬兰ThermoWood®手册)

图 1-5　木材热处理系统示意图

环境排放有限，在结构上与传统的木材干燥系统具有很大的相似性。实际上，热处理室本身也可承担木材的高温干燥任务，因而在环境、成本和技术上的推广较为容易。

1.3.5 应用案例

表 1-6 列出了 12 种采用常压过热蒸汽作为传热-保护介质的木材热改性处理工艺，其实际改性工艺参量的制定过程均参考了芬兰的 ThermoWood® 方法。尽管研究者在其文献中列出的实际工艺步骤各异，但是均可被归类到 ThermoWood® 手册中提出的升温与高温干燥、热改性、冷却与水分平衡处理 3 个主要过程。

表 1-6 以常压过热蒸汽为传热-保护介质的木材热处理工艺案例

序号	树种	含水率/%	试件规格（长×宽×厚）/mm×mm×mm	热改性工艺细节	文献出处
1	杉木	<15	350×150×22	① 预热及干燥阶段:采用蒸汽加热,干燥窑温度迅速升高到 100℃,然后逐渐上升到 130℃,木材含水率降至 0%; ②热处理炭化阶段:温度上升到 185～210℃之间,达到目标温度后,保持 2～3h; ③冷却与平衡阶段:通过喷蒸来降低温度,当温度降到 80～90℃时,木材平衡处理,使其达到含水率 4%～7%	李延军,唐荣强,鲍滨福等(2008)
2	樟子松	12	400×75×55	①预热与干燥:从室温升至干、湿球温度分别为 70℃、62℃并保持 2h,缓慢升高干球温度至 130℃; ②热改性:含水率降至 3%后进入处理阶段,以 7.5℃/h 的速度升温至目标温度(170℃、190℃、210℃),湿球温度维持在 100℃,保持 4h; ③降温调湿:木材降温冷却,湿球温度始终保持在 100℃,待含水率升至 5%冷却出窑	蔡家斌,李涛,张柏林等(2009)
3	橡胶木	10～15	2000×(140～200)×55	①将干球温度逐渐升到 60℃预热,以 3～8℃/h 升温到 130℃; ②再以 10℃/h 升温至 180℃保持 3h,或升至 210℃保持 2h; ③立即向设备调湿水槽加水降温,湿球温度控制在 99℃以上,至干球 112℃调湿处理,待处理室内外温差小于 25℃出窑	李家宁,李民,李晓文等(2010)

续表

序号	树种	含水率/%	试件规格（长×宽×厚）/mm×mm×mm	热改性工艺细节	文献出处
4	圆盘豆	10	500×127×19	①预热阶段将试件在80℃下保持2h,在高温干燥阶段升温至120℃并保持1h; ②迅速升温至热改性目标温度(160～220℃),热处理时间为2～8h,在热改性过程中进行喷蒸处理; ③热改性处理结束后,调整试件含水率至4%～6%,降温至60℃后出窑	史蔷(2010)
5	花旗松	8～10	200×90×20	在热处理过程中通入水蒸气,使被处理木材始终处于水蒸气的保护之下。高温热处理温度160℃、180℃、200℃和220℃,处理时间1h、2h、3h和4h; ①在热处理初期升温段,从室温升高到100℃,升温速度控制在20℃/h; ②从100℃升温到130℃,升温速度控制在10℃/h; ③在130℃附近保温30min,然后将温度升高到设定值,并保持相应时间; ④热处理结束后,使热处理箱自然冷却至室温(约冷却12h)	李贤军,蔡智勇,傅峰等(2011)
6	尾赤桉	8～10	500×120×60	①将含水率10%以下的试件,在干球温度($T_{干}$)95℃、湿球温度($T_{湿}$)65℃条件下干燥至含水率低于5%; ②以15℃/h升温速度,将$T_{干}$升至185℃,升温过程中保持$T_{湿}$=100℃,在$T_{干}$=185℃、$T_{湿}$=100℃条件下保持3h; ③保持$T_{湿}$=100℃,把$T_{干}$降至110℃以下,关闭风机、加湿器,闷窑降温,$T_{干}$降低至60℃以下时,结束	廖立,涂登云,李重根等(2013)
7	栓皮栎软木	6～8	60×60×10	采用常压过热蒸汽为传热-保护介质,热处理温度分别为180℃、200℃、220℃,最高温度维持时间分别为1h、2h、3h。 ①从室温开始缓慢升至试材内部130℃的升温过程为干燥阶段; ②从130℃开始,以10℃/h的速度升温至热处理温度为升温阶段; ③一定温度下处理一定时间的热处理阶段; ④最后转入降温调湿阶段,待试材含水率升至3%左右冷却出罐	魏新莉,向仕龙(2012)

序号	树种	含水率/%	试件规格（长×宽×厚）/mm×mm×mm	热改性工艺细节	文献出处
8	速生桉	12	100×10×10	①在75℃的热处理箱中放置3h,使试件表面温度和内部温度一致; ②将温度快速升至103℃并保持20h将试件烘至绝干; ③140℃时通入水蒸气进行保护,升温至180℃进行热处理; ④热处理时间分别设为1h、2h和4h,然后缓缓降温至45℃,取出试样进行调制	高伟,罗建举,王冠玉等(2013)
9	毛白杨	10~15	450×140×25	①将含水率为10%左右的试件,在$T_{干}$(干球温度)95℃、$T_{湿}$(湿球温度)65℃的条件下干燥至含水率为5%以下; ②以15~20℃/h的升温速度,将干球温度升至目标温度(120℃、140℃、160℃、180℃、200℃),同时,在升温过程中保持湿球温度为100℃。干球温度升至目标温度后,保温处理3h,保温过程中窑内压力为0.1MPa; ③热处理结束,关闭加热器,保持$T_{湿}$=100℃,将$T_{干}$降到110℃以下,关闭风机、加湿器,闷窑降温至室温结束	范文俊,涂登云,彭冲等(2015)
10	南方松	13.2	1300×95×21	①预热与高温干燥:木材由室温状态在1h内升温至90℃,相对湿度保持在70%,随后在1h内升温至110℃,相对湿度保持在80%; ②升温与热处理:在5h内将环境温度分阶段、匀速升至200℃并保持1h,通入100℃饱和蒸汽作为保护介质; ③降温:关闭加热器,待温度降低至100℃后,关闭蒸汽发生器与风机,木材自然冷却至室温	丁涛,王长菊,彭文文(2016)
11	落叶松	8	500×150×40	以常压过热蒸汽为传热-保护介质,热改性温度为180℃、200℃,保持1h。 ①预热与干燥:将试件在2h内由室温预热到103℃,在(103±3)℃条件下干燥4h,在0.5h内升温到120℃; ②高温热改性:在2h内升温到目标温度,并维持1h; ③降温与平衡处理:在8h内降温到80℃	Zhan,Avramidis(2017)
12	桃花心木	11~15	2100×120×25	选取150℃、165℃、180℃、195℃和210℃对桃花心木进行热处理,有效热处理时间4h,以水蒸气作为保护气体,依次经历预热、干燥、中间升温、热处理及降温阶段	杨昇,付跃进,晏婷婷等(2021)

1.4 高温热处理木材基本特性

1.4.1 优势特色

（1）环保、安全

木材高温热处理，不添加任何化学药剂。高温热处理木材是环境友好型材料。另外，高温热处理可以改良和提高速生人工林木材的品质，可替代部分优质天然林木材。

（2）吸湿性降低

木材经高温热处理后，吸湿性强的半纤维素降解，使木材的吸湿性及吸水性下降。在同样的空气状态下，经热处理的木材平衡含水率比常规木材低得多：在南方的雨季室内用的高温热处理木材比常规木材含水率低 7%～8%，在北方室内低 3%～5%。

（3）尺寸稳定性提高

木材高温热处理后，其吸湿性和内应力显著下降，因而大大减少了木材在使用过程中因水分变化而引起的湿胀、干缩及翘曲变形。

（4）耐腐性和耐候性显著提高

在高温热处理过程中，木材的化学成分发生变化，生成了抑制腐朽真菌繁殖的物质——醋酸，腐朽真菌所需的营养物质大大减少，因此从食物链上抑制了腐朽真菌的生长，使耐腐性和耐候性提高。

（5）易储存

由于吸湿性显著降低，因此干材库中对空气温、湿度控制的要求没有像储存常规窑干材那样严格。

（6）颜色美观、耐久，内外一致，且可以模拟名贵树种颜色。

1.4.2 不足之处

（1）力学性能降低

由于木材因高温导致的质量损失增大，木材平均密度下降，除了顺纹抗压强度、抗弯弹性模量及硬度略有提高，其他力学性能指标，如抗弯强度、冲击韧性、剪切强度等均有所降低。

（2）涂饰、胶合性能下降

高温热处理导致木材表面酸性及水分吸附能力降低，对热处理木材表面处理工艺产生不利影响，特别是一些水性表面处理剂。

1.5 木材高温热处理工艺因子

1.5.1 处理温度

最高加热温度是影响木材热处理程度的首要工艺参数。热处理材的概念是通过温度来定义的，160℃是热处理的起始温度。但就处理效果而言，温度一般需达到180℃左右才可实现较为充分的改性效果。200℃是热处理的一个转折点，超过这个温度后纤维素开始发生降解，木材的降解水平显著提高，强度指标降幅加大。当处理温度进一步增加到240℃时，木材中的抽提物含量出现下降，表明热处理温度水平下主要降解反应的结束和降解产物的挥发。化学分析表明，在这一温度水平下，木材内的半乳糖、木糖、甘露糖等只有少量剩余，表明半纤维素已充分分解，此时若再提高处理温度，木材将丧失多数应用价值，因而这一温度水平也是多数木材热处理的温度上限。

1.5.2 处理时间

已有的研究实践发现，延长在最高热处理温度下的处理时间可以达到与提升处理温度相似的效果，如达到相近的表面材色、相同的质量损失率及相似的力学特性。以热处理木材材色为例，关于兴安落叶松边材热处理的研究显示，在温度160～220℃、处理时间1～8h条件下，温度160℃、处理时间6～8h试件的表面材色与温度180℃、处理时间2h试件接近；温度180℃、处理时间8h试件的表面材色与温度200℃、处理时间2h试件接近；温度200℃、处理时间8h试件的表面材色与温度220℃、处理时间2h试件接近。统计研究显示，木材热处理温度水平对材性影响要高于处理时间。

1.5.3 压力水平

压力水平对热处理的影响本质上是改变了处理环境中的酸性挥发物浓度（顾炼百等，2019）。高压环境对木材热解的促进作用，主要是由于木材在热处理过程中释放出的酸性挥发物无法排出处理系统而增加了处理环境的酸性，对木材中半纤维素的降解起到了促进作用，而负压环境则正好相反。高压和负压条件下热处理的工艺和产品特性不同于常压条件，但由于对处理环境的密闭性要求很高，因而单个系统的处理能力较为有限，在应用规模上无法与常压处理工艺相比。

1.5.4 质量损失

类似于木材干燥中的"含水率"对干燥工艺与干燥质量的影响，木材热处理过程中的材料"质量损失率"是执行热处理工艺的主要参考依据，直接决定热处理木材力学指标、外观色泽、水分吸附等诸多质量指标。

探索热处理木材的质量损失率与热处理质量指标间的内在关联，对于优化热处理工艺参数、保证热处理木材质量具有理论和现实意义。陈太安等（2012）关于热处理西南桦材色-质量损失率的试验表明，西南桦木材失重率随处理温度的上升和处理时间的延长而增加，以其为处理强度损失因子对明度变化和处理前后试材色差具有良好的指示性。Čermák 等（2021）采用双曲-指数模型来模拟预测挪威云杉与苏格兰松热处理材质量损失率随加热温度、处理时间的变化规律（图 1-6）。在 140～220℃、1～6h 处理条件下，以质量损失率为处理强度指标，分析其与平衡含水率（EMC）间的内在联系，如下所示。

$$EMC_{挪威云杉} = 26.58 \times e^{-(0.058ML)} \quad R^2 = 0.92$$
$$EMC_{苏格兰松} = 26.13 \times e^{-(0.042ML)} \quad R^2 = 0.95$$

式中，ML 为质量损失率（mass loss rate），%。

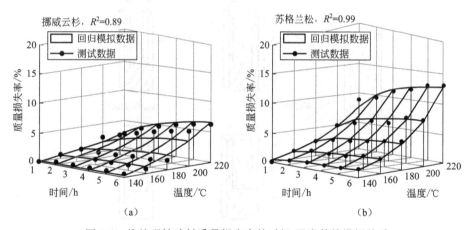

图 1-6　热处理针叶材质量损失率的时间-温度等效模拟关系

1.5.5 应力应变

实体木材在干燥、高温加热、理化改性过程中，水分［FSP（纤维饱和点）以下］移动、木材横纹构造差异将导致细胞壁组织非自由收缩膨胀现象，进而在材料内部产生应力应变。木材干燥应力由上述应力与植物生长应力共同构成；木材热处理应力与干燥应力类似，主要区别在于超高温机制可能导致生长应力部分得到完全释放。与木材干燥应力在干燥工艺调控与优化过程中的作用类似，木材热处理应力在热处理过程中及热处理木材使用阶段均存在于材料内部，对于热处理工艺调控与热处理木材质量均产生一定程度影响。

需要明确的是，木材热处理应力应变的产生、作用机制较木材干燥应力应变有极大差异，这体现在热处理木材的 EMC 特性与干缩湿胀现象。严明汉等（2021）关于落叶松自由湿胀的试验表明，与对比试件相比，经高温热处理的落叶松试件平衡含水率和弦/径向吸湿膨胀率均呈现降低趋势，在高湿度阶段各变化量的降低趋势更加显著；高温热处理过程能够显著减小落叶松试件的弦、径向吸湿膨胀率的差异。

鉴于热处理板材的质量评价与等级评定在其商品化应用中的重要性，Zhan 与 Avramidis（2017）开展了常规干燥与后期高温热处理对兴安落叶松残余应力与变形影响的探索分析。采用厚度 25mm、40mm，宽度 100mm、150mm、200mm 的落叶松生材，在试验室条件下进行常规干燥-高温热处理，热处理条件为 200℃、1h；采用叉齿法与横纹切片法（图 1-7）测试了各类试材的干燥应力、热处理应力、残余应力及板材变形。研究结果建议采用叉齿应力指标评定热处理板材质量；板材初始宽度增大可使木材端面瓦弯变形增长。

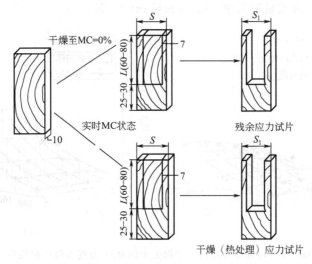

图 1-7　热处理应力应变指标测试方案（Zhan 与 Avramidis，2017）

1.6　高温热处理木材应用范围

1.6.1　室内应用

包括地板（特别是地热地板）、壁板、室内装饰、家具、门窗、百叶窗帘、窗台板等。

1.6.2 室外应用

包括外墙板、庭院家具、露天地板、台阶、甲板、田园建筑等轻型木构件等，如图 1-8 所示。需注意的是，热改性材在室外使用时，须涂刷耐候性好的涂料，避免木材褪色、端裂及霉变（图 1-9）。另外，不要直接与土壤和海水接触，避免影响其使用寿命。

图 1-8 樟子松热处理木材用于室外露天庭院道板

图 1-9 热处理樟子松板材表面涂饰环氧树脂耐腐、耐水涂料（室外露天庭院道板）

1.7 高温热处理木材研究概况

在各类木材改性技术体系中，高温热处理是商品化、产业化应用最为成功的一种技术方案。热处理木材产品目前广泛应用于建筑外墙板、户外景观、地板、家具及乐器等多种产品。木材通过热处理在功能上可提供更好的尺寸稳定性、生物耐久性，可调节材色或改善声学性能，具有更为广泛的应用，为低质人工速生材提供了一种有效的产品增值手段。

1.7.1 基本物理特性

（1）密度

木材经 160℃ 及以上高温加热处理后，木材细胞壁物质发生降解，非主要成分中的小分子抽提物、树脂、树胶等成分挥发流失，木材的密度降低。随加热处理温度升高、处理时间延长，木材密度降低趋势加剧。以欧洲云杉为例，木材经过 Thermo-S（190℃）、Thermo-D（215℃）工艺处理后，其气干密度（air-dried）由对比材的 460kg/m³ 分别降低至 430kg/m³、420kg/m³；而苏格兰松的气干密度则由对比材的 490kg/m³ 分别降低至 430kg/m³、420kg/m³。

（2）平衡含水率（EMC）

高温热处理降低了木材平衡含水率（EMC），图 1-10 给出了热处理工艺参量对挪威云杉与苏格兰松木材平衡含水率（温度 20℃，相对湿度 99%）的影响规律（Čermák 等，2021）。在高温（220℃）1h 以上的处理条件下，苏格兰松 EMC 降至未处理材的 50%。不考虑环境相对湿度，若木材含水率超过 20%，则腐朽真菌在木材组织内可生存繁殖。而在 220℃ 高温处理后，苏格兰松热处理材室温饱和状态下的 EMC 保持在 20% 以下，保证了木材的长期耐久性。

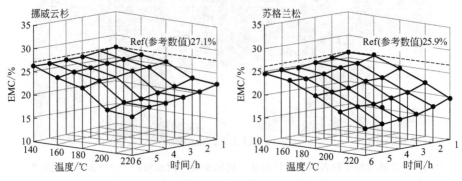

图 1-10　加热温度、处理时间对挪威云杉与苏格兰松热处理木材 EMC 的影响情况

（3）布氏硬度

以芬兰 ThermoWood® 工艺为例，热处理温度的升高会导致处理材硬度增大，但实际变化量不明显。就多数树种而言，硬度指标主要取决于木材密度。蔡家斌等（2009）关于热处理樟子松表面硬度的研究显示，在温度为 170～210℃、处理时间 2h 条件下高温热处理工艺对表面硬度基本无影响。与对比材比较（2168N），经 170℃、190℃ 处理后，表面硬度分别增长 10.2％、4.2％；在温度 210℃ 条件下，表面硬度则降低 6.5％。而吴向文等（2017）关于热处理榆木的研究则认为，高温热处理榆木的硬度随着处理温度的升高和热处理时间的延长而逐渐降低，热处理温度和时间对榆木材的硬度均有显著影响。需要说明的是，该研究是在热压板上通过接触传热方式进行的。

1.7.2 木材力学强度

（1）抗弯强度（MOR）

在热处理过程中由于木材细胞壁组分发生降解或重组，力学性能会发生变化，其中抗弯强度（MOR）受热处理影响较大，尽管部分研究发现当热处理温度较低或处理时间较短时 MOR 会略有上升，但总体而言 MOR 随着处理程度的加深而不断下降。对白杨木的热处理试验表明，在 200℃、3h 的条件下处理后，木材的 MOR 下降了 29％；当处理条件进一步为 230℃、5h 时，MOR 降幅可达 54％，此时木材已完全无法用于任何承重结构。

（2）静曲弹性模量（MOE）

热处理对木材静曲弹性模量（MOE）的影响较为复杂。一般认为，温和的处理条件会提高木材的 MOE，使木材具有更高的刚性。蔡家斌等（2009）、陈康乐等（2013）关于热处理樟子松的研究均验证了这个观点，即在 170～190℃ 范围内处理木材，其 MOE 会较对比材有小幅升高；当温度持续升至该温度范围以上，MOE 显著降低。而丁涛等（2016）关于热处理杉木的研究则发现，温度升高（160℃、180℃ 和 220℃）导致木材 MOE 呈单调增大，试件结晶度的增大可能是 MOE 增大的原因之一。总体来说，材料密度直接影响木材力学强度，而高温加热机制直接导致木材密度单调降低。热处理木材不能归入常规木材强度等级内，不适用于特定的机械承载条件。

上述研究表明，通过对热处理工艺的精确控制，可以将热处理材的力学性能损失降到最低，甚至某些指标还可能有所上升。但无论热处理材的力学性能指标如何变化，当处理温度超过 200℃ 时力学性能指标总体呈快速下降趋势，此时由于木材的强度损失过大，加工和使用性能显著恶化。

1.7.3 木材材色变化

从美学欣赏角度讲，木材材色与纹理特征是决定消费者选择木材制品的关键因素，而木材材色变化则是高温热处理对木材物理性能最直接的影响。根据木材原料的初始规格与纹理方向来合理地制定木材热处理加工工艺方案，既可实现木材材色美化、优化目标，也可达到整体色差均一化、纹理强化的效果。木材高温热处理技术在改进各类速生人工林木材材色指标、提高低质木材产品综合附加值方面具有显著效果。

总体来讲，木材经过高温热处理后明度下降，颜色加深，且随着处理温度的上升，材色变化也更加明显。图 1-11 给出了落叶松心材在温度 160～220℃、处理时间 1～8h 条件下木材端面的材色变化情况。如图所示，落叶松木材不仅存在边材-心材色差现象，在不同热处理工艺组合下，木材的早晚材色彩同样存在显著性差异，这为木材整体与局部色差的分析带来难度。

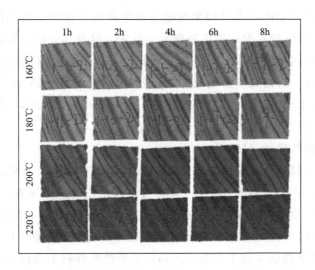

图 1-11　常压过热蒸汽高温处理落叶松的材色变化（端面）

在木材表面色彩评价方面，基于国际照明委员会的 CIE 1976 $L^*a^*b^*$ 色空间 ［ISO 11664-4，2019，L^*（明度）、a^*（红绿色品指数）、b^*（黄蓝色品指数）］是木材工业广为采纳的参考基准。李贤军等（2011）、张镜元等（2020）关于针叶材（花旗松、落叶松、臭冷杉）热处理的研究显示，在 160～220℃ 的温度范围内，试材的明度（L^*）随温度升高、处理时间延长呈单调下降趋势，材色变暗，尤以 200℃ 及以上更为显著；红绿色品指数（a^*）随温度升高呈增长趋势，木材色调向红色延伸。然而，史蕾等（2010）关于日本落叶松的研究显示，随热处理温度升高，木材的红绿色品指数（$a*$）与黄蓝色品指数（$b*$）均呈现降低趋势。在木材色彩测评分析过程中，色度仪的探头直径规格（6～13mm）决定了取样区域面积，实际测试数值为平均值，而木材早晚材（以针叶材为主）的自然色差势必导致测试值存在一定波动。

1.7.4 木材长期耐久性

（1）木材耐候性

与未处理材相比，在均未进行表面处理条件下，室外放置的热处理木材能保持相对干燥的状态。从木材保护的角度出发，若热处理木材需要在温湿的室外环境下长期使用，建议对木材表面做必要处理，以提高其耐紫外线、耐潮湿、耐侵蚀能力。

在室外雨、雪、紫外线辐射等因素作用下，未进行表面处理的热处理木材也会发生表面颜色变浅；雨水中的细菌、杂质会导致木材表面发霉，但程度低于未处理材，且可以通过表面刮擦来去除这些缺陷。需要说明的是，热处理木材用于室外环境时，建议材料本身不与土壤或水分接触。

（2）生物耐久性

热处理可以显著改善木材的生物耐久性。耐久性的提高与处理温度水平显著相关，一般认为只有当处理温度高于200℃以后，热处理材的耐久性才会显著提高。在常压蒸汽处理条件下，当处理温度达到215℃时，木材的耐腐性可达到欧盟标准（CEN/TS 15083-1）的"耐腐"或"强耐腐"级别。

芬兰 ThermoWood® 工艺显示，与未处理材比较，热处理木材的萜烯类物质含量显著降低，对天牛类甲虫具有阻抗能力。热处理木材对白蚁类昆虫也有一定抵抗效应，但考虑到白蚁可从地基下避开可见光进入建筑结构内，为获取食物可对木材和混凝土结构同时进行攻击，且白蚁种群因地区而异，关于热处理木材阻抗白蚁攻击的机制仍需要大量本地化研究实践。

1.7.5 木材化学成分变化与分析

天然木材的主要化学组成为纤维素（40%～50%）、半纤维素（25%～35%）、木质素（其中针叶材25%～30%，阔叶材20%～25%），此外，还有少量抽提成分（约5%）。

（1）半纤维素

作为碳水化合物，纤维素与半纤维素共同构成木材骨架物质；纤维素是由葡萄糖单元构成的长链大分子（DP 为 5000～10000），而半纤维素则是由不同单糖构成的短链大分子（DP 为 150～200）。

半纤维素主要成分有 D-葡萄糖、D-甘露糖、D-半乳糖、D-戊醛糖、L-阿拉伯果胶糖，此外还含有少量的 L-鼠李糖、甲基葡萄糖醛酸、D-半乳糖醛酸等，分子中含有大量支链结构。它一方面与木质素通过酯键和醚键相连，另一方面与纤维素通过氢键相连，是细胞壁纤维素骨架和木质素填充物质之间的黏结物质。半纤维素高温降解的主区间位于 200～260℃，是受热处理影响最显著的木材化学组分。通常情况下，当温度达到 150～160℃时半纤维素即出现降解趋势。木材加热过程中乙酰化半纤维素因水解产生乙酸，葡萄糖醛酸木聚糖的少量羧基也发生断裂，生成甲酸，两者是热处理的主要挥发物，形成的酸性环境会加速半纤维素的水解。

半纤维素在热处理过程中的变化是形成热处理材特有材性的决定性因素。随着半纤维素热降解的发生，木材内吸湿性基团羟基浓度降低，使热处理木材尺寸稳定性提高。木材经过 200℃ 及以上高温热处理后，板材半纤维素含量显著降低，材料内部腐生营养成分大大降低，木材抵抗真菌腐蚀能力显著强于未处理材。因阔叶材含有较多的半纤维素成分，因而在高温作用下更易于发生热降解。半纤维素分子链断裂对木材整体强度影响弱于纤维素，使得热改性后的木材易于压缩和释放内部应力，材料更加稳定。

半纤维素对热处理材的材色也有影响，半纤维素本身并不吸收可见光，但它的降解产物，特别是戊糖含量的下降，是热处理材明度下降的主要因素。

（2）纤维素

在相同的热处理工艺条件下纤维素的热稳定性要显著高于半纤维素，其高温降解的主区间位于 240～350℃。纤维素具有部分晶体结构，是木材细胞壁的骨架物质。有序的晶体结构提高了纤维素的热稳定性，使其在高温热处理热解反应中基本保持稳定。在木材高温热处理过程中（300℃以下），随着纤维素发生解聚其分子聚合度降低，伴随大分子脱水，产生自由基、碳酰基、羧基、过氧化物、一氧化碳、二氧化碳及木基碳等小分子物质。

如前所述，木材半纤维素热降解产生了挥发性乙酸成分，进而导致纤维素无定形区微纤丝催化降解，使纤维素长链分子断裂。由于半纤维素在高温下发生了降解，以及纤维素准结晶区的部分分子重新排列而结晶化，热处理后纤维素的结晶度有所上升。纤维素结晶度的增加是热处理材吸湿性降低的另一个重要原因。

纤维素微纤丝在热处理过程中也可能因半纤维素组分的降解而聚合，聚合后的微纤丝断面尺寸更大，具有更高的刚性，这是热处理材在温和处理条件下部分力学性能提高的主要原因。微纤丝断面尺寸的增大也使水分子渗透的难度加大，使热处理材的亲水性进一步降低。

（3）木质素

木质素（简称木素）是木材实体的结壳物质，通过它独特的"胶黏"机制使木材植物细胞组织结合在一起，形成木材组织整体外观轮廓。细胞壁胞间层的暗色物质主要由木质素构成，也见于细胞壁初生壁、次生壁内。木质素主要由苯基丙烷单元通过醚基和碳-碳键搭建（DP 为 10～50）。针叶材主要含有苯基丙烷的愈创木基单元，阔叶材则主要由愈创木基与紫丁香基两种单元构成。

木质素是木材主要成分中热稳定性最好的物质，在温度超过 200℃时，β-芳香醚键开始断裂，木质素成分开始减少。在高温环境下，木质素的甲氧基成分含量降低，一些非凝结单元被转化为二苯胺类；相应地，二苯胺类凝结是 120～220℃范围内的主要反应，对木质素的颜色、活性、熔融性影响显著。

木质素在高温环境下的实际降解量远远低于半纤维素，也显著低于纤维素，这使其在热处理木材中的相对含量有所上升。由于木质素对纤维素微纤丝起包裹作用，可增强其承受压缩载荷的能力，因而木质素含量的增加有助于提高热处理材的顺纹抗压强度

在热处理过程中，木质素中的苯基丙烷单元发生部分断裂。紫丁香基单元的芳香类醚键相对愈创木基单元更易于发生断裂；丙基烯链较芳香-烷基醚键更易断裂。自动水解时间越长，凝结反应强度越大。木质素凝结产物包括 β-酮基团和共轭羧基酸基团。

（4）抽提物

木材均含有少量小分子抽提物，如萜烯类、脂肪类、蜡质类、酚类等。不同树种木材的抽提物数量差异明显，种类各异。在高温环境下，木材内抽提物成分易于挥发、降解，导致木材外观色彩变化。杨昇等（2021）关于桃花心木的研究发现，热处理可以降低桃花心木中的抽提物含量，且会导致桃花心木材抽提物组分发生化学变化。随处理温度上升，抽提物含量又逐渐增加，这些抽提物增量可能来自更高温度下的木材大分子降解物。热处理过程中木材细胞壁组分的变化及其与材料变化的对应关系如图 1-12 所示。

（5）pH 值

在木材高温热降解过程中，板材 pH 值呈降低趋势，导致热处理木材酸值显著高于常规未处理材。以芬兰 ThermoWood® 工艺为例，其热处理试材 pH 值为 4.0，相同条件下的常规未处理木材的 pH 值为 4.5～5.0。0.3 个单位的 pH 值降低导致相应酸值加倍（指数坐标系）。较高的酸值会导致木材表面对表面处理剂的黏着力下降，进而影响木材表面处理效果。木材酸值增加还会导致木材用金属紧固件的腐蚀。鉴于此，用于热处理木材的金属紧固件应采用抗酸型或其他不锈钢材料。

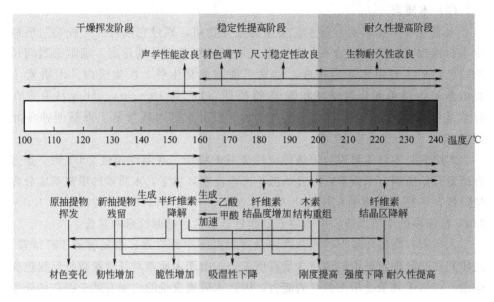

图 1-12　木材热处理过程中细胞壁组分变化及其对材性的影响（顾炼百等，2019）

1.7.6　木材加工工艺特性

受到材料高温降解影响，热处理木材的主要力学特性有不同程度下降。材料的韧性下降，脆性增加，对木材加工性能具有显著影响，导致其在木材加工过程中易于破坏，如在切削过程中易产生局部劈裂，产生崩边等边缘加工缺陷。与未处理木材相比，热处理木材在随后的加工、使用环节需要注意更多。热处理木材切割过程中产生的粉尘多为干燥、纤细木粉微粒，需要调整气力除尘装置的气密性，施工人员必须佩戴除尘面具。在加工热处理木材原料、使用其制品之前，需要检查木材含水率，确保与使用环境的状态一致。根据木料断面规格，室温下的热处理木材水分平衡环节需要若干天；在室外环境下，特别是冬季，木料平衡环节可能需要数周甚至数月。

（1）锯切加工

热处理针叶材木材的松脂成分在高温降解环节基本挥发完毕，因而对切削锯片的腐蚀、磨损程度低于未处理木材。为避免锯切过程热处理木材边角部位碎屑现象，建议采用细齿锯片和高转速锯切。

（2）刨切加工

经高温加热后，热处理木材断面的瓦弯（cupping）现象（弦切板）较为严重，板材表面存在开裂缺陷，木材横纹静曲强度显著降低。木材在自动进给机构的加压机制作用下极易在已有裂痕上产生木材顺纹整体断裂，导致板材降等甚至报废。需要根据木料的断面瓦弯方向来灵活调整进给辊轮，尽量不使用宽幅（等于或大于板材宽度），合理布置辊轮位置，如图 1-13 所示。

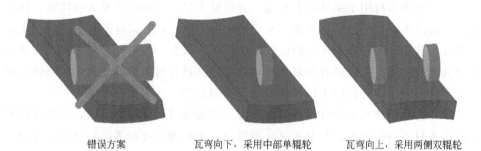

错误方案　　　　　瓦弯向下，采用中部单辊轮　　　　瓦弯向上，采用两侧双辊轮

图 1-13　热处理板材刨切加工进给机构方案

（3）砂光加工

热处理木材的机械加工粉尘较为细碎，其砂光作业与未处理木材无明显差异。以芬兰 ThermoWood® 为例，若木料已经过规范的刨削加工过程，则无需进行额外的砂光处理。

（4）钻削加工

热处理木材的钻削处理类似于硬度大、脆性强的阔叶类硬木的处理，在钻削加工前应进行严格的刨削处理，从而避免产生裂痕、崩边缺陷，特别是在逆纹理加工情况下。

（5）胶合处理

与未处理木材类似，进行热处理木材胶合加工时需要控制木材表面的温度、含水率及表面质量等因子，热处理木材也适用于加工胶合木产品。

研究显示，热处理材表面的润湿性低于未处理材，即热处理材的界面性能低于未处理材，但热处理材的涂饰与胶合的实际性能，更取决于所应用的基材和涂料类型。桦木、樟子松、落叶松热处理材胶合性能测试（顾炼百等，2010）显示，室内用乳白胶与室外用聚氨酯胶均能适用于三个树种热处理材的胶合加工；因高温热处理木材脆性增大，吸湿性与 pH 值降低，其胶合剪切强度有不同程度降低，桦木降低可达 16.8%（聚氨酯）～33.6%（乳白胶）。

（6）涂饰加工

高温热处理对木材表面处理（涂饰）的影响机制具有正反双重性。木材经过高温热处理后，其树脂树胶成分挥发殆尽，材料收缩、湿胀能力显著降低，为表面处理奠定了良好的基础。同时，热处理木材表面 pH 值与水分吸附能力均低于未处理材，导致涂饰材料不能充分地与木材表面结合（水性表面涂饰材料），因而涂饰处理前需要对木材表面砂光（100# 以上砂纸），以提高表面粗糙度。

热处理木材可以采用类似于常规未处理材的表面处理剂,如化工油漆、天然漆、油蜡涂料等,包括水溶性和油性溶剂型涂饰剂。然而,亚麻油类涂料可能会助长真菌类微生物生长,需要注意。

若热处理木材用于室外露天环境,建议对木材表面进行必要表面防腐、防水处理,保持木材自然色彩与纹理,避免环境温湿度变化、紫外线辐射导致产生表面裂纹。若用于室内桑拿环境的墙壁、天花板、板凳,可以考虑对木材表面进行矿物油处理。用专门处理材料对热处理木材端部进行封闭涂饰处理,以降低木材端头水分吸附量,降低因干燥导致的端部开裂概率。

落叶松热处理对涂饰性能影响的研究(李凤龙等,2017)显示,涂饰可以有效改善木材表面的颜色,相对于热处理时间,热处理温度对落叶松涂饰过程的影响更明显。张镜元等(2020)关于落叶松高温热处理-植物油蜡涂饰组合技术的研究发现,落叶松晚材的松脂成分对涂饰过程中植物油蜡在木材组织内的扩散起到了隔离屏障作用,延缓了植物油蜡浸润木材与干燥过程,对早材、晚材涂饰后色彩差异产生影响。落叶松经高温热处理-植物油蜡涂饰加工后,其表面颜色趋向于暖色调/深色调,早晚材色彩饱和度对比更加鲜明,木材整体装饰质量与效果得到提升。

(7)滞火处理

与常规未处理木材类似,热处理木材同样可进行适当阻燃处理。以芬兰ThermoWood®规范为例,根据阻燃剂的类别,热处理木材的防火性能可达到C或B类要求。

1.8 展望

木材热处理是一种兼具理论深度和应用广度的木材改性技术,目前已逐渐建立起一个较为完整的技术和理论体系,相关的研究十分活跃,研究的深入性与细分性也越来越强。热处理木材的研发与应用对竹产品和人造板产品的创新与提升也产生了有益启发,并激发了诸多研究和产出了许多成果。

以芬兰的ThermoWood®技术体系为示范,欧洲建立起了较完整的热改性木材产业体系,行业协会、科研机构、企业、政府各司其职,共同促进木材热改性的技术研发和产品推广。芬兰ThermoWood®技术体系的成功主要归于以下因素:国立研究机构、企业、高校的协同创新奠定了该技术体系的理论基础;通过在政府与成员企业间架设沟通协调机制、推动产品标准化、质量控制体系第三方认证等活动,芬兰热改性木材协会的运行机制推动了热改性技术研发与产品推广;热改性产品生命周期分析与原材料的认证充分保证了热改性木材产业体系的可持续健康发展。

　　我国的木材热改性产业化起步于 21 世纪初期，相关高校与科研机构在工艺探索、材料性能分析、装备研发、产品标准化等方面投入了大量精力，基于主要速生材原料的热改性木材产品已经应用于室外园林景观、建筑装饰、室外家具与地板等领域。我国的木材热改性产业目前存在的问题有：原材料来源较分散，随机性大；科研人员主要分布在农林高校、林业科研院所，多数科研活动与生产推广衔接不足；生产企业规模普遍较小，未形成具有示范效应的热改性木材专业品牌。

　　木材热处理虽然已经进行了持续深入的研究，产品也获得了广泛的应用，但目前仍存在一些问题需要解决，在基础研究和产品性能上都有进一步提高的空间：①热处理最大的缺陷是对木材力学性能的削弱，因而难以应用于承重性构件。②对热处理材色稳定性增强的研究具有很高应用价值。③木材热处理硬件系统有待进一步完善。木材热处理研究与应用在相当长的一段时间内仍具有继续深入和拓展的空间，需要做和可以做的工作仍然很多。

参考文献

［1］　战剑锋，李欣，魏童.芬兰的木材热改性技术及其对我国木材工业的启示［J］.温带林业研究，2018，1（2）：56-62.

［2］　顾炼百.木材改性技术发展现状及应用前景［J］.木材工业，2012，26（03）：1-6.

［3］　顾炼百，丁涛，江宁.木材热处理研究及产业化进展［J］.林业工程学报，2019，4（04）：1-11.

［4］　丁涛，蔡家斌，耿君.欧洲木材热处理技术的研究及应用［J］.木材工业，2015，29（05）：29-33，39.

［5］　International ThermoWood Association［EB］.http：//www.thermowood.fi.

［6］　蔡家斌，李涛，张柏林，等.高温热处理对樟子松板材物理力学性能影响的研究［J］.林产工业，2009，36（06）：31-34.

［7］　李涛，蔡家斌，周定国.木材热处理技术的产业化现状［J］.木材加工机械，2013，24（05）：50-53.

［8］　丁涛，王长菊，彭文文.基于拉曼光谱分析的热处理松木吸湿机理研究［J］.林业工程学报，2016（05）：15-19.

［9］　范文俊，涂登云，彭冲，等.热处理对毛白杨木材力学性能的影响机理［J］.东北林业大学学报，2015（10）：88-91.

［10］　李家宁，李民，李晓文，等.高温热处理改性橡胶木的初步研究［J］.木材加工机械，2010（01）：8-10.

[11] 李延军，唐荣强，鲍滨福，等．高温热处理木材工艺的初步研究［J］．林产工业，2008（02）：16-18.

[12] 廖立，涂登云，李重根，等．热处理对尾赤桉木材物理力学性能的影响［J］．中南林业科技大学学报，2013（05）：128-131.

[13] 史蕾．圆盘豆地板材热处理工艺的基础研究［J］．林业机械与木工设备，2010（12）：24-26，30.

[14] Zhan J F, Avramidis S. Impact of conventional drying and thermal post-treatment on the residual stresses and shape deformations of larch lumber［J］. Drying Technology, 2017, 35（1）：15-24.

[15] 李贤军，蔡智勇，傅峰，等．高温热处理对松木颜色和润湿性的影响规律［J］．中南林业科技大学学报，2011，31（8）：178-182.

[16] 魏新莉，向仕龙．高温热处理对软木材色的影响［J］．中南林业科技大学学报，2012，32（1）：66-69.

[17] 杨昇，付跃进，晏婷婷，等．高温热处理对桃花心木化学性质的影响［J］．林业工程学报，2021，6（2）：120-125.

[18] 高伟，罗建举，王冠玉，等．高温热处理速生桉木材的疏水性能研究［J］．南方农业学报，2013，44（4）：638-643.

[19] 吴向文，王喜明，刘建霞，等．热处理版画材物理力学性能研究［J］．西北林学院学报，2017，32（03）：233-237，244.

[20] 陈康乐，冯德君，张英杰，等．高温热处理对木材力学性能的影响［J］．西北林学院学报，2013，28（05）：164-166，268.

[21] 丁涛，贝政廷，李源．杉木热处理材结晶度及力学性能的研究［J］．林业科技开发，2012，26（02）：23-26.

[22] Griebeler C, Tondi G, Schnabel T, et al. Reduction of the surfacecolour variability of thermally modified Eucalyptus globuluswood by colour pre-grading and homogeneity thermal treatment［J］. European Journal of Wood and Wood Products, 2018, 76（5）：1495-1504.

[23] 张镜元，达妮娅，战剑锋．植物油蜡涂饰热改性落叶松的色度学差异性分析（英文）［J］．林业工程学报，2020，5（06）：64-75.

[24] 李凤龙，严越，谷雪，等．高温热处理落叶松的涂饰性能及涂饰后抗弯强度［J］．东北林业大学学报，2017，45（10）：49-54.

[25] 顾炼百，丁涛，王明俊，等．高温热处理木材胶和性能研究［J］．林产工业，2010，37（02）：15-18.

[26] Čermák P, Hess D, SuchomelоválP. Mass loss kinetics of thermally modified wood speciesas a time-temperature function［J］. European Journal of Wood and Wood Products, 2021, 79（3）：547-555.

[27] 严明汉，胡晓洋，党建尧，战剑锋．高温热处理对兴安落叶松自由湿胀特性的影响［J］．内蒙古农业大学学报（自然科学版），2021，42（03）：35-40.

[28] 陈太安，王昌命，曾金水，汉丽辉，付成方．高温热处理对西南桦材色的影响［J］．西南林业大学学报，2012，32（01）：79-82，87.

实体木材表面密实化处理技术

2.1 木材压缩处理技术概述

木材压缩是指在开放或封闭的环境下，将轻质、低质木材原料通过软化、加热-加压、变形固定等处理步骤加工成为质地坚硬、密度大、强度高的强化处理材料的木材改性技术手段（刘占胜等，2000）。木材经压缩密实处理后，由于内部组织构造与外形尺度发生了变化，木材的力学性质也发生了相应的变化。其中最显著的变化表现在力学强度增强、变形减小、表面耐磨性提高等。这些变化有效地改善了木材品质，扩大了软质、低质木材的应用范围，提高了产品附加值（王艳伟等，2011）。

进入 21 世纪后随着我国木材加工产业结构的调整，天然林木材资源退出了加工原料的舞台，人工林速生材的应用已经成为我国林业经济发展和家具建材产业振兴的必由之路。我国拥有世界最大的人工林种植面积与木材蓄积量，主要人工林树种包括杨木、杉木、桉木和松木。速生人工林木材具有材质疏松、力学强度低、尺寸稳定性差等缺点，实木化高值利用的程度并不高，极大地限制了其应用范围（涂登云等，2021）。

为实现软质速生材的实木化高值利用，木材强化改性成为人工林木材综合高效利用技术的研究热点。木材压缩改性技术作为一种木材物理强化改性方法，具有无化学污染、易于产业化生产等优势，压缩木具有环保、强重比高、木材原生态利用及环境使用特性良好等优点，可广泛应用于家具、地板、室内装饰、木结构等领域。

2.2 国内外实体木材表面压缩强化技术历史、现状

木材压缩技术最早出现于 20 世纪 20～30 年代的美国和德国，最初的压缩木在军用飞机上使用，用于替代金属材料，目的是防止被雷达发现（黄荣凤等，2018）。20 世纪 30 年代，苏联开展了炉中加热压缩法（简称干法）和蒸煮压缩法（简称湿法）生产压缩木的工艺研究（蔡家斌、董会军，2014）。我国在 20 世纪 50 年代末和 60 年代初也曾研制出压缩木锚杆和木梭；20 世纪 70 年代，印度用其自有的 17 种木材经过密实处理后代替进口的鹅耳枥来制造织布机木梭（王艳伟、黄荣凤，2011）。20 世纪 90 年代，以改善软质木材性能、拓宽人工林木材应用范围为目标的木材压缩技术研究，受到了世界各国学者和产业界的重视。

进入 21 世纪以来，经过 20 多年的发展，木材压缩技术，特别是湿热软化的木材压缩技术在木材软化、塑性变形、压缩木材的性能变化、压缩变形固定及其机制以及压缩方式和压缩工艺等方面逐步得到完善，并形成了木材热压干燥处理、原木整形压缩、锯材整体压缩、单板压缩、锯材表层压缩以及高频加热软化和变形固定等压缩木加工技术体系，而且已经在木材工业界推广应用。

2.3 木材表面强化处理技术类别

2.3.1 根据压缩处理环境分类

依据木材压缩改性时木材所处环境不同，可分为封闭式和开放式压缩改性技术。

① 封闭式压缩改性技术是将木材置于封闭处理容器内，采用高温高压蒸汽软化处理后，再利用机械压缩和高温定型处理，实现木材压缩强化的改性目的。该方法的处理全过程均在同一设备中完成，具有操作工序少、处理材压缩回弹小的优点，但需要使用耐高温高压的专用设备且生产效率较低。

② 开放式压缩改性技术是木材在大气环境下，采用热机械设备对木材进行软化、压缩和高温定型，实现木材压缩强化的改性方法。该方法的处理过程均在同一设备（常规人造板用热压机）中完成，具有设备投资成本低、生产效率高的优势，但需要后期压缩变形固定环节。

2.3.2 根据热压形式分类

依据木材压缩改性时热压形式的不同，可分为平压压缩和辊压压缩。

① 平压压缩是将木材放置在热压机的加热平板之间，通过热平板热量和机械力的共同作用实现木材压缩强化的改性技术。根据热压机的轴数不同，平压压缩改性技术又可分为单轴平压法和多轴平压法。在多轴平压法中，一种是双轴方向施压使木材压缩形变制得方材，称之为压缩整形木。

② 辊压法是木材从两个金属热压辊间通过，迫使木材表层逐渐压缩形变的处理技术，适用于表层压缩木的制造。

2.3.3 根据压缩程度分类

根据木材压缩改性时木材被压缩程度的不同，可分为整体压缩和层状压缩改性技术。

① 整体压缩法是将木材置于热压机中，整体软化后在一定压缩率下实现木材整体压缩强化的改性技术。该方法所制得的压缩木压缩方向的木材密度分布较均匀。

② 层状压缩法是对木材的表层或芯层进行热湿软化，通过控制压缩层位置和厚度制备层状压缩木的改性技术。采用该方法可制得单侧表层压缩木、双侧表层压缩木和层状压缩木。

2.4 木材热压干燥技术

2.4.1 基本概念

热压干燥是 20 世纪 60 年代中期以来出现的一种通过加压加热接触方式干燥木材的方法。它与木材压缩处理技术在设备、工艺原理、应用领域等方面均有诸多相近之处，既适于单板快速干燥，也可用于人工林轻质板材干燥，对于扩大速生林木材的使用范围、提高其利用价值和商业价值具有重要的现实意义。

热压干燥是以接触传导的方式加热木材，由于加热板供热温度高，与被干材接触紧密、传热量大，木材内部很快就可达到高温状态（>100℃），使蒸汽压力迅速提高，促进了木材内部水分向外部移动（汪佑宏，2005）。一些透气性好的木材在数小时乃至数十分钟内就可快速干燥。由于压力的作用，被干木材厚度的收缩将大于其正常干缩量，使密度增加，表面硬度提高，也提高了木材的使用性能。干燥后的木材尺寸稳定性好，板面平整光滑，翘曲降等率小；若压力适当，板材厚度在干燥前后变化不大，具有面积合格率高等优点。

2.4.2 工艺分析

（1）热压干燥对木材干燥时间的影响

热压干燥方法主要通过热压板-木材之间的接触传导来实现热量传递，与常规对流干燥相比，传热效率高、干燥速度快。以 12～18mm 厚马尾松为例（蔡家斌等，1997），从初始含水率 70%～90% 干燥至目标含水率 8% 以下，实际干燥时间在 35～60min。对 25mm 厚高含水率杨木实施热压干燥处理（侯俊峰等，2018），热压温度从 120℃ 升至 140℃（干燥时间 1h），热压干燥后杨木锯材终含水率（16.6%）大大低于 120℃ 的终含水率（39.7%）。

（2）热压干燥对木材干燥质量的影响

热压干燥过程中热板压力直接作用在木材上，使木材处于平直状态，有利于避免木材翘曲和变形引起的降等。木质素在较高热压干燥温度条件下（140～180℃）将发生流动，有利于降低或消除引起木材翘曲和变形的内应力，使得热压干燥后木材保持平整（侯俊峰等，2017）。

在热压干燥过程中，加压方向对木材内裂的产生有较大影响（蔡家斌等，1998）。对于弦向加压干燥，热板压力与木材内起主导作用的弦向应力方向相反，可使木材内的弦向应力差值不超过木材的拉伸应力，克服了干燥过程中弦向应力对木材的影响，能够减少乃至消除内裂。但在径向热压干燥过程中热板压力与木材弦向应力方向垂直，不能消除弦向应力的影响，易出现内裂。

在高温高压的热压干燥过程中，木材细胞在毛细管张力和干燥应力双重作用下易产生溃陷而出现皱缩。特别是初含水率较高的木材，其水分蒸发强度较大，细胞壁强度大幅度降低，更易于产生皱缩。侯俊峰（2019）对人工林杨木锯材进行的热压干燥试验结果也表明，初含水率较高（120%～150%）的杨木锯材弦切板在热压干燥过程中易出现皱缩。

（3）热压干燥对木材尺寸稳定性的影响

热压接触干燥对干燥后板材尺寸稳定性的影响具有正反两方面效应。在 120℃ 以上高温加热加压处理后，木材整体组织内的吸湿性羟基基团会呈现减少趋势；木材表面区域经高温高压处理后孔隙率降低，形成了水分扩散阻碍层，导致木材水分吸附能力降低，有利于板材尺寸稳定性的改善。然而，木材细胞壁组织的黏弹性特性与生物记忆机制决定了木材表面区域的压缩变形不会是永久性的；若不对这部分变形进行必要的处理，则随环境温湿度等外界因素的影响，变形有逐步回复的趋势，对板材尺寸稳定性（厚度）产生影响。

一项速生杨木热压干燥研究显示（蔡家斌，1997），22mm 板材经过 140℃、

160℃、180℃的热压干燥处理后，木材终含水率达到10%。随干燥温度升高，板材吸湿能力降低，尺寸稳定性提高。热压干燥改变了速生木的径向、弦向吸湿膨胀率，改善了木材的使用性能；压缩率越大，弹性回复率越小，压缩定形越好，尺寸越稳定；其他工艺因素（如温度、纹理方向）的变化对弹性回复率的影响较小。

（4）热压干燥对木材力学强度的影响

材料力学强度与其密度直接相关。热压干燥导致木材的细胞腔被逐步压密压溃，孔隙率显著提高，结构更加紧密，木材密度增大；木材厚度方向上表层密度高于芯层密度，相当于在材料外部区域增置了强化层，有利于改善木材的力学强度（Zhan与Avramidis，2017）。

对22mm厚马尾松锯材进行热压干燥正交试验研究表明（汪佑宏等，2002），与气干材相比，热压干燥后马尾松锯材表面密度提高0.6%～8.2%，表面硬度平均增加789～2849N，是气干材的1.3～2倍。

2.4.3 应用分析

对热压干燥工艺原理作进一步深入细致的探讨和研究，为促进该理论的成熟和在工业生产中大规模的应用夯实理论基础。同时，也为木材高质、高效、快速干燥开辟了一条新的途径。

在尽量减少木材材积损失的前提下，通过对其表面进行强化处理，增加木材表面密度，提高其表面硬度等力学强度，并寻求一种高效合理的永久固定压缩变形的新方法、新工艺、新理论。完善刚刚起步的木材表面压密化理论，拓展木材改性领域，做到劣材优用。运用经济手段推广人工造林，扩大森林资源，具有很高的经济、生态和社会效益。

2.5 木材表面密实化-高温热定型组合技术

在各类木材压缩处理技术中，木制品表面密实化-高温热处理联合工艺是一种门槛低、研发效率高、易于商品化的木材改性方法（战剑锋等，2015）。该项技术由木材软化处理、表面热压加工、密实堆放养生、后期高温热处理等几个关键步骤组成（图2-1），特别适用于各类速生、轻质材（如白松类、杉木类、杨木类等）的材质改良升级，提高材料表层的力学强度，改善木材尺寸稳定性，实现低质木材的增值利用。

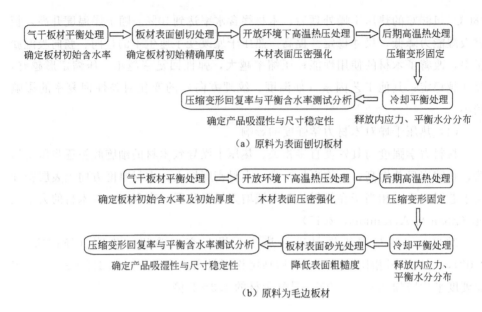

（a）原料为表面刨切板材

（b）原料为毛边板材

图 2-1　表面压密强化-后期高温热处理组合工艺技术路线

2.5.1　木材的表面软化处理

基于木材的弹塑性、黏弹性力学特性，在对木材实施机械压缩处理之前，可对木材进行必要的软化处理，促使木材内部相邻纤丝间、微纤丝间和微晶间具有充分的相对滑移能力，且需要保证滑移的位置可被固定。根据不同属性木材固有的塑性变形能力，制定适当的木材软化处理方案，有助于减少压缩时所需要的压力，亦可在一定程度上保持被压缩层细胞壁的完整性。

2.5.1.1　木材软化原理

木材是一种具有弹塑性与黏弹性的多孔型天然高分子材料，木材组分中的纤维素、半纤维素和木质素含量直接影响材料自身的可塑性。环境温度与材料含水率是影响木材软化效果的关键因素。在低温情况下，纤维素主链的微布朗运动被冻结为玻璃态，随着温度的上升，分子间产生自由运动间隙，纤维素主链开始由微布朗运动转移到橡胶态。此时，施加很小的力即能产生极大的变形（王艳伟等，2011）。木材软化处理的目的是将木材暂时软化至易压缩变形的状态，然后在成型状态下回复其刚性。

① 木材玻璃化转变温度：在气干状态下，纤维素、半纤维素和木质素的玻璃化转变温度分别在 231～253℃、167～217℃和 134～235℃之间；湿润状态下，

半纤维素和木质素的玻璃化转变温度分别降低到 54～142℃ 和 77～128℃ 之间，但纤维素对水分不敏感，其玻璃化转变温度几乎不发生变化（黄荣凤等，2018）。

② 木材软化温度：在 240℃ 以下时，纤维素的软化温度几乎不受含水率影响，而半纤维素和木质素的软化温度随着含水率的增加而显著降低。在绝干状态下，半纤维素和木质素的软化温度分别为 200℃ 左右和 150℃ 左右；半纤维素在含水率约 60% 时软化温度降低到 20℃，而木质素在含水率约 20% 时软化温度降低到 80℃ 左右，之后随着含水率增加软化温度几乎不再降低。可见，水分和热量都能对木材组分起到增塑作用，特别是在湿热共同作用下增塑作用更加显著。

③ 木材组分分子结构：纤维素的非结晶区、半纤维素和木质素对水分都有很强的亲和性，对木材的吸湿膨胀起很大作用，其中木质素的软化点与是否存在水分关系密切，而且木质素的含量和软化特性是影响木材软化的主要因素。纤维素的软化温度在 240℃ 左右，且其玻璃化转变温度不受含水率影响，对木材软化的影响很小。

2.5.1.2　木材软化方法

木材软化方法分为物理方法和化学方法。

（1）物理方法

① 水热软化处理法：水热软化处理又称作蒸煮法，利用水对纤维素的非结晶区、半纤维素和木质素进行润胀，使润胀后的分子有运动空间，然后由外到内逐渐对木材进行加热，使纤维素分子获得足够的能量产生剧烈运动，从而使木材软化。木材在全干状态下，纤维素、半纤维素和木质素的软化温度分别为 200～250℃、200℃、150℃ 左右。当含水率为 20% 时，半纤维素的软化温度为 100℃ 左右，木质素的软化温度为 80℃ 左右；当含水率达到 60% 时，半纤维素在常温（20℃）下即能软化，木质素为 70℃，而纤维素仍为 240℃。

② 高频加热法：高频加热法是基于有足够含水率的木材在吸收了高频电场能量后产生热湿效应的一种软化方法。这种方法的特点是在高频电场作用下木材内部分子被反复极化，通过分子间的剧烈摩擦，将电磁场中吸收的电能转变成热能，湿润的木材在短时间内被迅速加热，从而使木材软化。高频加热软化木材的最适宜平均含水率为 40% 左右。由于高频加热软化的速度快，因而对时间的控制要求严格。

③ 微波加热法：微波处理饱水木材，在微波场作用下使木材内部的水及有关的官能团（如羟基）等极性分子产生摆动，相互之间摩擦生热，从而达到木材软化的目的。采用水热-微波处理方法可显著增强木材的软化性能，处理后的木材半纤维素发生了明显的降解，但木质素相对含量增加，木材表面羟基数量显著

增加，非结晶区微纤丝趋于有序化，相对结晶度提高，氢键结合增强，结晶区宽度增加。

（2）化学方法

木材软化的化学方法主要是指用各类化学药剂处理木材，使木质素、半纤维素和纤维素的非结晶区体积膨胀，增大分子链段之间的自由体积空间，进而提高木材的塑性并达到软化木材的目的。化学软化可选用的试剂包括液态氨、氨水、亚胺、碱液、尿素、单宁酸等，其中以氨类药剂处理木材的软化效果最佳。

① 氨处理法：氨是一种很好的木材膨胀剂，它可以进入木材细胞壁微纤丝的结晶区和非结晶区，对纤维素分子链之间的氢键产生破坏作用。同时，氨还能使木材中的木质素呈软化状态，使纤维素分子排列方向发生变化。氨处理所需时间少，软化充分，对木材的破坏小，当变形固定后产品的回复率小。但氨处理的气味刺激性比较强，需要在密闭的容器内进行。

氨处理可分为液态氨处理、气态氨处理、氨水处理、尿素处理等。液态氨处理是将气干或绝干状态的木材放入 $-33℃$ 以下的液态氨中，浸泡 $0.5\sim4h$ 后取出，待温度升至室温时木材被软化；氨水处理是将含水率为 $80\%\sim90\%$ 的木材浸泡在浓度为 25% 的氨水中，根据木材的树种和规格确定具体的浸泡时间；氨气处理是将含水率为 $10\%\sim20\%$ 的气干木材放入处理罐后导入饱和气态氨，处理时间为 $2\sim4h$。

② 碱液处理法：碱液处理通常是将木材放入浓度为 $10\%\sim15\%$ 的氢氧化钠溶液或 $15\%\sim20\%$ 的氢氧化钾溶液中浸泡一段时间，然后用清水清洗。纤维素的结晶区在碱溶液中会产生润胀，碱液对纤维素、半纤维素和木质素均有不同程度的润胀作用。在碱液和热水的共同作用下，部分纤维素、半纤维素溶解，木质素稍降解，所以润胀作用不但发生在纤维素非结晶区，也可以发生在结晶区。因此，该方法软化木材效果好，而且在常温下即可进行浸渍处理，工艺简单，操作方便。

2.5.2 木材表面压缩强化定型

木材的弹塑性决定了木材软化后压缩可以形成很大的塑性变形，但如果在压缩应力没有释放的情况下解除载荷，压缩变形会视所处环境温度、湿度等外界条件变化而逐步回复。如何有效地抑制压缩变形回弹机制、实现压缩变形的永久固定，是木材表面压缩技术必须解决的关键科学问题。采用压缩-卸载-再压缩的多次循环或长时间高温保压的处理方式，可使压缩应力部分释放并形成变定，将压缩变形固定，但这种以变定方式实现的压缩变形固定在湿热条件下依然会因吸湿而全部回弹。

固定压缩木形变的方法主要包括物理定型法和化学定型法。

2.5.2.1　物理定型方法

在未添加化学试剂的条件下，通过环境高温（常压或高压）热湿作用，促使木材化学成分产生软化，导致半纤维素发生热降解反应，半纤维素和纤维素分子链段之间相互靠近形成新的氢键结合，实现细胞壁的定型；而部分半纤维的热降解亦可能导致木质素和纤维素之间的连接松弛，产生压缩应力释放，实现细胞腔变形的定型。

依据加热介质不同，物理定型法可分为热压板定型法、高温热处理定型法、高温高压蒸汽定型法和高频微波加热定型法。

（1）热压板定型法

在人造板热压机上通过开放环境下的热压法对木材进行密实化处理，随后原位升温对压缩木进行热处理，所制得的压缩木热处理材呈现出较低的吸湿性及较高的尺寸稳定性。因木材的压缩密实化和定型均在同一设备中完成，该类处理工艺相对简单，热压设备使用效率相对较高，是一种有望普及的压缩木定型方法。

（2）高温热处理定型法

基于木材高温热处理工艺原理，对表面密实化处理板材进行以高温湿空气或常压过热蒸汽为介质的热处理。该技术路线同样可显著降低压缩木的弹性回复率，提高压缩木的尺寸稳定性。以臭冷杉表面密实化工艺为例（战剑锋等，2015），表面压密试件经 200℃ 高温热处理 1h，其厚度方向回复率约为 20%；经 180℃ 高温热处理 1h，其厚度方向回复率约为未处理材的 28.6%，均显著低于未处理材。水蒸气高温热处理过程是降低臭冷杉表面压密板材厚度方向变形回复的有效方法。

（3）高温高压蒸汽定型法

木材在压缩状态下用高温水蒸气处理可使压缩后的变形得到固定。在高温高湿条件下随着水蒸气处理时间的延长，木材的压缩回复率明显下降。这是由于水蒸气的高温高湿作用使得木材细胞壁发生了软化和不同程度的降解，导致木材内部的应力逐渐松弛，最终使压缩前后的木材内应力降低，压缩回复率减小，使压缩木材的变形得到固定。

相比于高温热处理定型法，以高温饱和蒸汽和带压过热蒸汽为介质的高温高压定型法对压缩木的定型效果较好，处理时间较短，但由于蒸汽压力的存在，此种定型方法对处理设备的要求较高。

（4）高频微波加热定型法

采用高频微波加热方式亦可对压缩木进行定型处理，其作用原理主要是在电磁波的作用下，木材内部具有正负极性的偶极子产生剧烈运动，从而实现被加热物体的自身发热，相比于高温高压蒸汽处理法，该方法具有加热速度快、处理时间短、适用于大断面尺寸的压缩木定型处理等优点。

2.5.2.2　化学定型方法

化学定型方法是向木材中添加化学物质，使木材分子形成新的连接方式，或使木材内部形成凝聚结构，或使压缩木材内部形成憎水基团，实现压缩木的定型。依据所使用化学物质的不同，化学定型法可分为树脂浸渍处理法和交联化反应处理法。

（1）树脂浸渍处理定型

树脂浸渍处理是木材压缩变形固定的一种有效方法。树脂浸渍的作用机理是在高温热压过程中，树脂之间以及树脂与木材的自由基之间发生了化学交联作用而使变形固定。在处理过程中，采用低分子量的树脂溶液对木材进行浸渍处理，待树脂浸入木材细胞腔，结合热机械压缩改性处理，实现树脂的热固化以胶结木材压缩后的相邻细胞壁，从而抑制压缩层的吸湿弹性回复，实现细胞腔形变的固定。

采用 X 射线衍射法研究 PF 预聚物处理木材的结晶区大小和相对结晶度，结果表明引入 PF 预聚物没有改变木材纤维素的结构，木材细胞壁中纤维素、半纤维素和木质素分子中的某些基团发生交联作用形成了新的基团（刘君良等，2000）。

（2）交联化反应处理定型

交联化反应处理是将低分子量的化学试剂浸渍进木材细胞壁中，在加热或者催化助剂存在的条件下，促使其与细胞壁分子相互键合形成稳定的交联网状结构，实现细胞壁形变的固定。方桂珍等（1998）采用多元羧酸类化合物以常压或加压浸渍方式对木材进行处理，然后机械压缩制得压缩木，结果表明压缩木的尺寸稳定性得到显著提升。

2.5.3　木材压缩密实化工艺

2.5.3.1　整体（普通）压缩木制造工艺

根据压缩处理环境的基本特征，整体（普通）压缩技术分为封闭式木材压缩改性技术和开放式木材压缩改性技术两大类，其基本工艺流程如图 2-2 所示。

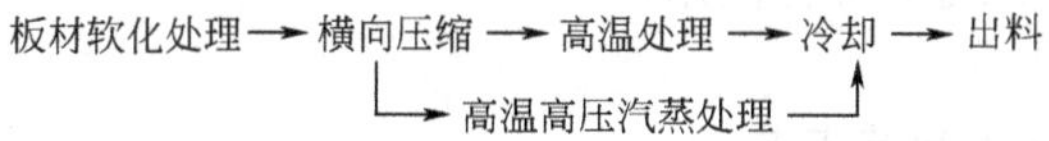

板材软化处理 ⟶ 横向压缩 ⟶ 高温处理 ⟶ 冷却 ⟶ 出料
└⟶ 高温高压汽蒸处理 ⟶

图 2-2　整体（普通）压缩木制造工艺

（1）封闭式压缩工艺

封闭式木材压缩改性技术制备整体压缩木的工艺主要包括 3 种。

第 1 种是将木材置于带有压缩装置的密闭高温高压处理罐体中，采用高温高压蒸汽对木材进行软化处理，待木材的芯层温度达到 85℃后，启动机械压缩装置，完成木材的整体压缩处理。

第 2 种是在第 1 种工艺的基础上将热平板温度控制在 160～220℃，对压缩木进行热压保温处理，之后降温至 60℃卸压出料。

第 3 种是将经过软化处理的木材压缩至目标厚度，并在压缩状态下采用 180～200℃的饱和水蒸气对压缩木进行热处理，之后强制冷却至 60℃卸压出料。

（2）开放式压缩工艺

根据表面软化工艺特征，开放式木材压缩工艺也可分为 3 种。

第 1 种工艺是首先采用蒸煮法对木材进行软化处理，然后采用热压机压缩制得整体压缩木。

第 2 种工艺是首先将树脂注入木材，而后机械压缩制得压缩木。

第 3 种工艺是首先采用热空气、蒸汽或者热压板对木材进行预热软化处理，然后机械压缩制得整体压缩木。

2.5.3.2　压缩整形木制造工艺

压缩整形木的制备是基于木材的湿热软化特性和可塑化的原理，经压缩整形处理可使木材从原木直接加工成方形材以及其他规则截面形状的木材，其基本工艺路线如图 2-3 所示。

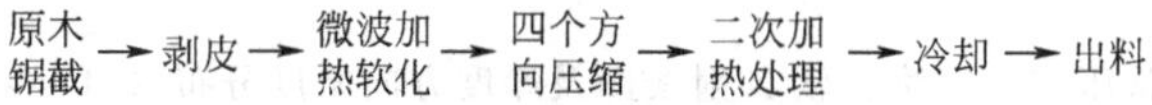

原木锯截 ⟶ 剥皮 ⟶ 微波加热软化 ⟶ 四个方向压缩 ⟶ 二次加热处理 ⟶ 冷却 ⟶ 出料

图 2-3　压缩整形木制造工艺流程

压缩整形木的制造工艺主要包括微波加热软化联合机械压缩、高温水蒸气软化联合机械压缩和高温高压蒸煮软化联合机械压缩 3 种。采用加热软化-机械压缩的压缩整形木制造技术可将软质速生材加工成优质材，如小径级原木先经过软化处理（微波软化、高温水蒸气软化、高温高压蒸煮软化等），然后机械压缩制得的压缩整形木，其木射线、年轮的形状和位置均随着各个压缩方向压缩程度的不同而产生显著的变化，再将压缩整形木进行刨切和砂光处理，其表面可呈现出奇特的纹理图案，实现了劣材优用。

2.5.3.3 层状压缩木制造工艺

层状压缩木是指对木材的表层或者中间层进行压缩密实，形成压缩层与未压缩层同时存在的压缩木。压缩层的分布位置主要有 3 种，分别是表层（表层压缩木）、内层和芯层，如图 2-4 所示。

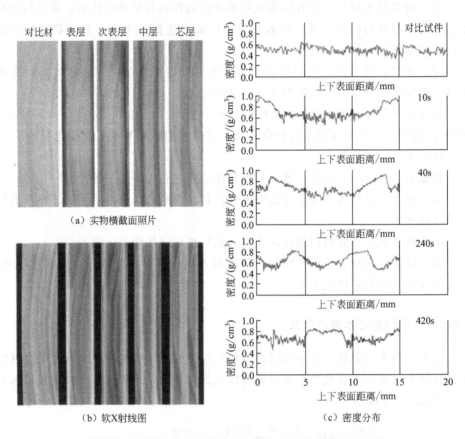

（a）实物横截面照片

（b）软 X 射线图

（c）密度分布

图 2-4　层状压缩木实物、软 X 射线图及厚度方向密度分布（自黄荣凤，2018）

（1）表层压缩

表层压缩改性工艺与刨花板和中密度纤维板的热压工艺类似，所控制的热压工艺参数主要包括热压温度、木材含水率、热压时间、闭合速度、热压压力、木材压缩率等，典型的工艺路线如图 2-5 所示。

（2）非表层压缩

为使压缩层的位置位于木材内层或者芯层，需要对木材进行分层软化处理，在木材内部的不同层面形成屈服应力差。研究表明，木材热压工艺参数预热时间

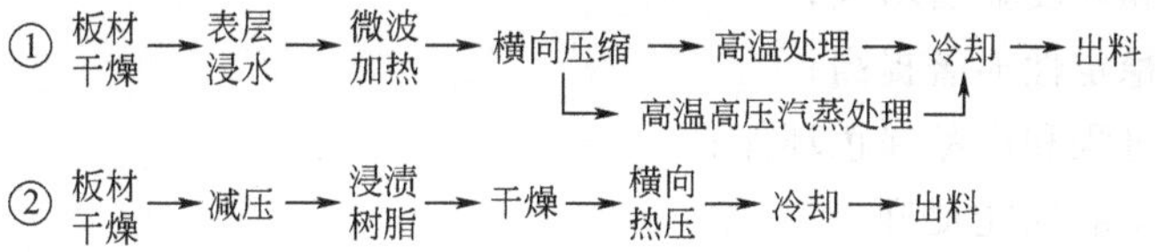

① 板材　→ 表层　→ 微波　→ 横向压缩 → 高温处理 → 冷却 → 出料
　干燥　　浸水　　加热　　　└→ 高温高压汽蒸处理 ┘

② 板材　→ 减压 → 浸渍　→ 干燥 → 横向 → 冷却 → 出料
　干燥　　　　　树脂　　　　　热压

图 2-5　木材表层压缩工艺路线图

和预热温度对层状压缩木的剖面密度分布具有显著影响，随着预热时间的增加，密实层向中间层移动，同时密实层的厚度增大 [图 2-4(c)]。

2.5.3.4　非对称单侧表层压缩木制造工艺

单侧表层压缩木是指在木材压缩方向上只有一个面的表层被压缩，木材内部沿压缩方向形成非对称结构的密度分布。热压温度、木材含水率、闭合时间、保压时间、热压压力等压缩工艺参数对单侧表层压缩木的剖面密度分布具有显著影响：热压温度增高，单侧表层压缩木的峰值密度呈现增大的趋势；木材含水率增大，压缩木的密实化区域增大；闭合时间对密实层的厚度具有显著影响，闭合时间增加，密实层厚度增大，但压缩木的峰值密度降低。

2.6　表面压缩木的性能及应用

木材表面密实化技术可以使木材的表面密度、弹性模量、硬度等物理性能得到阶跃性提升，而木材芯部基本不被压缩，木材经压缩处理后体积变化量不大，可以有效地平衡木材力学特性提升与材料单位体积利用成本之间的矛盾。

2.6.1　表面压缩木的性能

近 20 年来有关表面压缩木制造工艺与使用性能之间的研究受到众多科研工作者和生产厂商的广泛关注。深入探索和分析表面压缩木的性能对于合理使用压缩木、优化木材压缩改性技术均具有重要的理论价值与实践意义。我国有关木材表面压缩工艺与性能关系的研究主要涉及若干软质速生材的剖面密度、压缩变形固定与回弹、主要力学性能、材色与化学成分变化等。不同树种的木材由于具有不同的微观、宏观构造，压缩改性处理对不同木材加工性能的影响不尽相同。

总的来看，木材经过表面压缩改性处理，其功能性技术指标主要体现在如下几方面。

① 密度和硬度显著增大；

② 尺寸稳定性显著提高；

③ 加工过程和产品绿色环保；

④ 表面耐磨性能提升。

木材压缩率是影响压缩木力学性能的关键因素，在特定的热压温度、热压压力作用下，随着压缩率的增加，压缩木的抗弯强度和抗弯弹性模量均呈现线性增大的趋势。关于表层压缩处理对木材涂饰性能的影响，杨木表层压缩研究实践显示，压缩改性处理对木材的涂饰性能没有产生负面影响，甚至可以使得木材的涂饰性能得到小幅度的改善。涂登云等（2012）采用意杨木材进行单侧表层压缩-热处理，并测试了处理材的涂饰特性。结果表明，压缩杨木的漆膜硬度、漆膜附着力和耐磨转数均得到提高，各项性能指标均符合实木地板国家标准要求。

2.6.2　表面压缩木的应用

木材压缩处理技术发展至今，表层压缩技术已从单一型向集成型转变，逐渐将木材压缩改性技术与功能型木材改性技术相结合，所制得的改性处理材具有广泛的用途。

（1）在木质建材制品中的应用

由于压缩木具有较高的力学性能及优异的加工性能，其制品主要应用在木地板、家具建材等领域。单侧压缩的意杨木材可制造实木地板；酚醛树脂浸渍压缩杨木亦适用于实木地板的制造；乙酰化压缩杨木适用于制造实木地板、家具及户外木栈道等高附加值的产品；压缩防腐木由于同时存在较高的力学强度和防腐性能，其制品可在户外家具领域应用。

（2）在木质工艺品中的应用

采用压缩木制造木制工艺品是压缩木的另一种实木化利用途径。压缩木的力学强度和耐磨耐久性可满足工艺品的使用要求，得到了消费者的普遍认可。目前，压缩木制造的工艺品主要是木梳，其梳理流畅性好，物理性能符合制梳的要求，具有巨大的消费市场。

（3）在木结构连接件中的应用

近年来，在木结构领域应用压缩木的研究得到了众多科研工作者的关注。压缩木可制成木销钉连接件，以替代金属连接件应用于大跨度的木框架结构中。

（4）在其他领域中的应用

压缩木相比于金属材料具有轻质高强的特性，在飞机制造、热轧机制造等领域亦可得到广泛应用，具有高值化利用的潜力。

2.7 表面压缩木的力学特性分析

对轻质木材进行高温加压处理可以获得表面强化-密实化的表面压缩木，对表面压缩木进行物理处理（如高温热处理），或者在高温加压处理前先进行化学处理（如热固性树脂浸渍），最终可制备力学性能优良的功能型表面压缩木。由此可见，在考察表面压缩木力学性能时，其主要外部影响因素有高温加压工艺、后期高温热处理工艺、木材表面化学浸渍工艺等诸多因素。同时，考虑到制备表面压缩木树种的多样性、变异性，关于表面压缩木力学性能的分析与评价必然具有高度多样化和个性化。

图 2-6 给出了用于杨木压缩材制备的热压处理、高温热处理工艺曲线（蔡家斌，李涛，2009）。

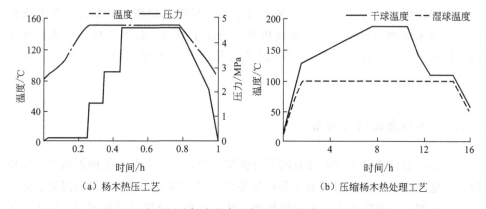

（a）杨木热压工艺   （b）压缩杨木热处理工艺

图 2-6 表面压缩杨木的高温加压、后期热处理工艺曲线

在上述组合工艺因素条件下，以 I-214 杨（*Populus euramevicana*）为原料，对比材、表面压缩材、表面压缩-热处理材的主要物理、力学性能如表 2-1 所示（蔡家斌，李涛，2009）。

表 2-1 杨木对比材、表面压缩材与表面压缩-热处理材的物理、力学性能

性能指标	对比材	表面压缩材	190℃、3h热处理 表面压缩材	210℃、3h热处理 表面压缩材
全干密度/(g/cm³)	0.462	0.674	0.613	0.576
气干密度/(g/cm³)	0.481	0.663	0.628	0.587
吸湿率/%	9.89	9.24	7.12	5.24
湿胀率/%	6.53	6.21	4.81	3.50

续表

性能指标	对比材	表面压缩材	190℃、3h 热处理 表面压缩材	210℃、3h 热处理 表面压缩材
24h 吸水率/%	39.22	58.38	29.12	23.32
吸水厚度膨胀率/%	5.75	29.22	6.67	4.92
静曲强度/MPa	73.9	87.6	75.9	58.4
弹性模量/MPa	8577.4	11523.8	10606.2	9624.9

27mm 杨木板材在 150℃下加压压缩至目标厚度 18mm，热压时间 20min。为了避免板材在热压过程中内应力过大及开裂鼓泡等缺陷的发生，热压过程采用分段升压方式进行，最大压力为 4.5MPa。与素材相比，经表面密实化处理后，杨木表面压缩材在密度、基本力学指标、尺寸稳定性等方面实现了全面提升，达到了木材强化处理目标。表面压缩材经 190℃、210℃高温热处理后，与原表面压缩材比较，其密度、基本力学指标呈降低趋势，其中力学强度指标已回复至未处理素材水平，而密度仍然显著高于素材。杨木素材经历表面密实化、后期热处理工序后，其木材吸湿性与尺寸稳定性显著高于素材及表面压缩材。

2.7.1 木材断面密度分布

表面压缩材的断面密度分布的形成机制复杂，主要涉及各类内部因素（如树种、产地、纹理方向、初含水率等）与外部因素〔如表面软化、树脂浸渍、热压工艺、压缩变形固定方法（高温热处理、热压处理、高频微波处理）〕。就表面压缩材断面密度分布而言，在抑制压缩变形回弹的前提下，一项合理的木材表面密实化技术应顺次实现如下技术目标：使木材的表面密度、硬度等物理性能得到提高，而木材芯部基本不被压缩；综合利用内外影响因素，实现表面压缩材断面密度梯度可控化，基于材料初始属性，调控软化处理工艺、热压工艺、压缩固定方法，使材料断面密度分布满足特定使用要求。

鉴于表面压缩材断面密度分布问题的复杂多变性，下面将列举几种典型树种表面压缩材的断面密度分布研究案例，以供参考。

2.7.1.1 番龙眼和桦木地板材

（1）试材规格

番龙眼和桦木原料的初始信息及压缩厚度（黄荣凤等，2018）如表 2-2 所示。

表 2-2　番龙眼和桦木表面压缩材原料信息

树种	尺寸规格/mm			密度/(g/cm³)			含水率/%	目标厚度/mm
	长	宽	厚	最小值	最大值	平均值		
番龙眼	930	128	18	0.524	0.762	0.656	11.30	16
桦木	930	130	20	0.511	0.697	0.616	12.97	18

（2）加工工艺

① 预处理：试材端面封闭处理，在水中浸泡 0.5h。

② 压缩处理：热压温度 160℃，压力 8.0MPa，闭合速率 0.51mm/s，保压 30min。

③ 热处理：温度 180℃，处理时间 2h，过热蒸汽压力 0.3MPa。

（3）密度分布

由图 2-7 可知，番龙眼与白桦两个树种地板基材的上下表层均形成了厚度约 2mm 的压缩层，而中间部分几乎没有被压缩，表明在本试验设定的条件下，表层压缩范围控制的精准程度较高。

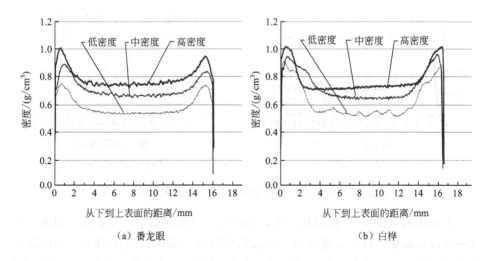

（a）番龙眼　　　　　　　　　　　　（b）白桦

图 2-7　番龙眼与白桦表面压缩材的断面密度分布

2.7.1.2　臭冷杉装饰材

（1）试材规格

臭冷杉装饰材原始信息与压缩厚度如表 2-3 所示。

表 2-3　装饰用臭冷杉表面压缩材原料信息

树种	尺寸规格/mm			基本密度（平均值）/(g/cm³)	含水率/%	目标厚度/mm
	长	宽	厚			
臭冷杉	150	60	30	0.319	12.00~13.00	23.5
	150	60	28	0.319	12.00~13.00	23.5

（2）加工工艺

① 木材预处理：试材表面喷水雾处理。

② 热压处理：上下压板热压温度 160℃、180℃，压力 7.0~10.0MPa，保压 10min。

③ 高温热处理：温度 180℃、200℃，处理时间 1h，常压过热蒸汽环境。

（3）密度分布

试件未经过热压处理时，横断面密度分布均匀，密度平均值在 0.340~0.350g/cm³ 之间 [图 2-8(a)]；木材经过压密处理后，在其上下表面形成了两个密度增长峰 [图 2-8(b)]，类似于普通刨花板表面的"马鞍形"密度分布，表明此次研究使用的热压工艺实现了臭冷杉表层的密实化（战剑锋等，2015）。

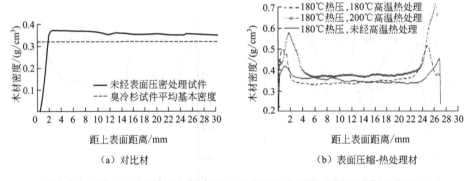

（a）对比材　　　　　　　　　（b）表面压缩-热处理材

图 2-8　臭冷杉表面压密处理前后试件的横断面密度分布

表面压密试件经 1h 高温热处理，臭冷杉木材组织的半纤维素成分加快降解，材料在高温环境、以半纤维素为主的多糖成分降解等因素的作用下，韧性降低，塑性显著增大，使木材表层在前期热压过程积聚的内应力快速释放，表层的细胞壁压密区域变形得到部分固定。经热处理后，木材表层区域的密度呈增大趋势，说明高温热处理技术可以使表层压密变形得到部分固定。

未经热处理表面压密材的上下表面密度峰值为 0.400g/cm³，中间部位密度分布比较均匀，平均值在 0.320~0.340g/cm³ 范围内；经过 180℃ 热处理的表面压密材，由于应力释放与压缩变形固定的作用，其表面密度峰值为 0.480g/cm³，中间部位密度的平均值在 0.320~0.340g/cm³ 之间；经 200℃ 热处理的表面压密材，表面压缩变形的固定效果优于 180℃ 试件，其表面密度峰值高于 0.550g/cm³。

2.7.1.3 表层压缩毛白杨

（1）试材规格

毛白杨原始信息与压缩厚度如表 2-4 所示（高志强等，2017）。

表 2-4 毛白杨表面压缩材原料信息

树种	尺寸规格/mm			基本密度（平均值）/(g/cm³)	含水率/%	目标厚度/mm
	长	宽	厚			
毛白杨	500	100	25	0.400～0.500	12.00	20
	500	100	30	0.400～0.500	12.00	20

（2）加工工艺

① 木材预处理：将试件横断面和径切面用石蜡进行封端处理后，在水中浸泡 2.0h。

② 热压处理：热压温度为 180℃，压力为 6MPa。采用间歇性加压，单循环的加热时间为 10s、压缩时间为 3s，压缩速率为 0.5mm/s。压缩后试样的目标厚度为 20mm，压缩结束后保持压力 30min。

③ 高温热处理：在常压和过热蒸汽压力 0.3MPa 下，分别对表层压缩木材试样进行热处理。热处理温度设置为 170℃、185℃和 200℃，处理时间 2h。

（3）密度分布

图 2-9、图 2-10 为毛白杨压缩材和对照材试件的剖面密度、实物照片与软 X 射线图。对照试件的平均密度为 0.4～0.5g/cm³，而压缩试件表层密度的最大值接近 1.0g/cm³。压缩量为 10mm 时，在压缩木材上下表层形成厚度 3mm 以上的压缩层，芯层密度基本没有变化。

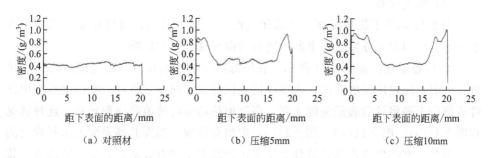

（a）对照材　　　　　　（b）压缩5mm　　　　　　（c）压缩10mm

图 2-9　毛白杨表层压缩木材和对照材的剖面密度图

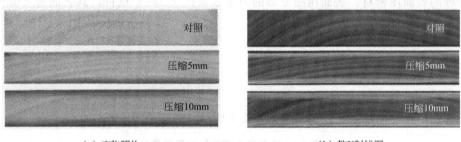

（a）实物照片　　　　　　　　　　　　　（b）软X射线图

图 2-10　毛白杨表层压缩木材和对照材的实物照片和软 X 射线图

2.7.1.4　苏格兰松单面密实化材（1）

（1）试材规格

苏格兰松原始信息与压缩厚度如表 2-5 所示（Rautkari 等，2011）。

表 2-5　苏格兰松单面压缩材原料信息

树种	尺寸规格/mm			基本密度（平均值）/(g/cm³)	含水率/%	目标厚度/mm
	长	宽	厚			
苏格兰松	150	50	20 或 16	0.460	9.6	15
					12.4	
					15.6	

（2）加工工艺

预处理：边材，表面加热。

热压处理：压机闭合（30s、300s），下压板热压温度 150℃、200℃，保压 1min 10min，压板冷却（＞30s），目标压缩厚度 15mm。

（3）密度分布

图 2-11 总结了热板温度、压板闭合时间、保压时间、试件初始含水率、压缩率等工艺因素对苏格兰松单面压密材断面密度分布的影响。

① 压板温度：如图 2-11 所示，在较低热压温度条件下，密度曲线峰值更接近于表面；随热压温度升高，密度峰值从试件表面向内层移动。在压缩过程中试件表面的干燥将导致表层密度下降、高温加热的密度峰值向内部转移，这种状况在图 2-11（a）、图 2-11（d）、图 2-11（e）中均有体现。温度升高是促使木材软化的主要因素，在较低温度下，试件表层下可能既得不到有效加热，又不能被充分软化，从而阻碍了压缩变形，使密度增长局限于表层区。

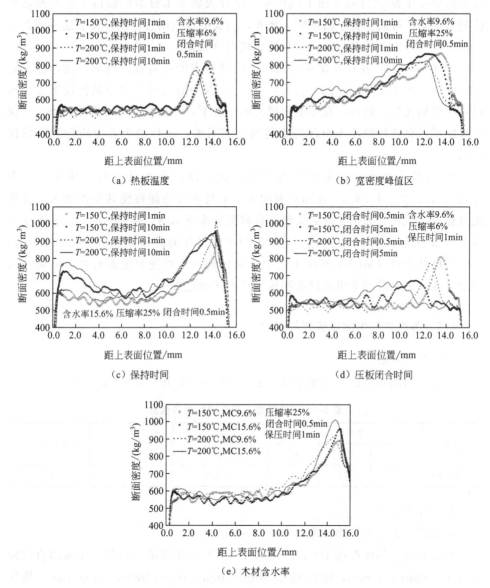

图 2-11　苏格兰松单面加热密实化材的断面密度分布情况

MC 为木材含水率

② 闭合时间：在本项研究框架下，压板闭合时间（30s、300s）对单面压缩试件密度分布影响最直观也最显著。300s 的闭合时间产生了更宽的密度峰值区，峰值向试件中心移动 [图 2-11(d)]。在短闭合时间条件下，密度峰更尖锐，接近表面。短闭合时间最可能导致热传递不足，木材软化不良，只有表层得到压缩，而且压缩应变速率增大，抑制了压缩应力释放；随着闭合时间延长，不仅使

更多热量在压板-试件间实现了热传导，试件表面下木材组织获得了更大的黏弹性变形空间，进而拓宽了密度峰。此外，较长的压板闭合时间可使表层得到更多干燥，而试件内有更多水分，有利于实现充分软化。

③ 保压时间：在较长保压时间下，试件的密度峰值将向内部移动，在更宽的厚度坐标上密度增大 ［图 2-11(a)～(e)］。保压时间延长使热量传递增大，木材软化更加充分。而且，在压缩率增大的条件下，压缩表面的对面密度增大。保压时间延迟会使热量从木材压缩面传递至相对面，试件两个表面均得到了软化处理。

④ 木材含水率：在本研究方案中，试件经过平衡处理后，其含水率为9.6％、12.4％、15.6％。在固定温度下，木材水分增加将使其塑性增大，软化能力提升。试件表面密度的最低值来自最低含水率木材，而最大的表面密度来自最大含水率试件 ［图 2-11(e)］。该现象与压缩过程的传热特性和表面干燥有关。在中密度纤维板（MDF）热压工艺中，木材高含水率使得更多的热量流动到板材中心区，类似的现象也出现在实体木材的压缩过程中。

2.7.1.5 苏格兰松单面密实化材（2）

（1）试材规格

苏格兰松原始信息与压缩厚度如表 2-6 所示（Laine K 等，2014）。

表 2-6 苏格兰松单面压缩材原料信息

树种	尺寸规格/mm			基本密度（平均值）/(g/cm³)	含水率/％	目标厚度/mm
	长	宽	厚			
苏格兰松	150	50	20	0.530	12	15

（2）加工工艺

预处理：无可见缺陷，晚材率 18％～30％。

热压处理：热压温度 100℃、150℃、200℃，压板单面加热，压板闭合时间 10min、30min、60min，闭合速率 30mm/min、10mm/min、5mm/min，热压时间 1min，压缩目标厚度 15mm。

（3）密度分布

处理装置如图 2-12 所示。在单面加热加压工艺条件下，20mm 苏格兰松经历了表面加热软化和加压尺寸收缩，在目标压缩厚度 15mm 的约束下，压缩板材最终厚度因弹性压缩变形释放而略微超过 15mm。厚度尺寸的直观变化体现为：随压板闭合时间延长、热压温度升高，板材实际厚度减小并接近目标厚度，压缩变形得到固定（图 2-13）。表层压缩区密度峰值的直观变化为：更高的加热温度、更慢的闭合速率将使得密度峰值区接近加热表面；更低的加热温度、更快的闭合速率将使得压缩变形在试件厚度方向更均匀分布。此外，通过放慢闭合速率［图 2-13(a)］，加热加压表层区的密度峰值呈现更宽的分布特征。

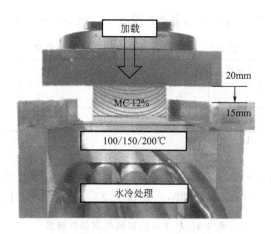

图 2-12　苏格兰松单面密实化处理装置（自 Laine 等，2014）

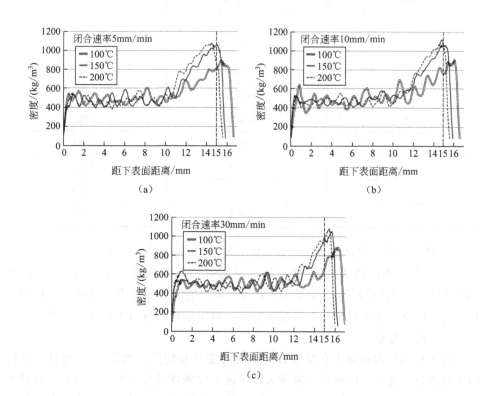

图 2-13　苏格兰松单面密实化处理材断面密度分布

2.7.1.6 杉木压缩防腐木

（1）试材规格

杉木原始信息与压缩厚度如表 2-7 所示（毛佳等，2009）。

表 2-7　杉木防腐木表面压缩材原料信息

树种	尺寸规格/mm			基本密度（平均值）/(g/cm³)	含水率/%	目标厚度/mm
	长	宽	厚			
杉木	100	50	25	0.355	—	12

（2）加工工艺

① 预处理：包括水浴处理和表面喷水处理两种方式。水浴处理温度采用 50℃ 和 80℃ 两种，表面喷水处理的喷水量为 200mL 和 400mL，如表 2-8 所示。

表 2-8　杉木压缩材预处理条件参数

试材编号	预处理方法	预处理条件
1	气干	—
2	单面水浴	50℃
3	单面水浴	80℃
4	双面水浴	50℃
5	双面水浴	80℃
6	单面喷水	200mL
7	单面喷水	400mL
8	双面喷水	200mL
9	双面喷水	400mL

② 热压处理：热压温度 160℃，热压时间 20min，压缩目标厚度 12mm。

③ 防腐处理：将表面压缩材放入常温下 1% 的铜氨（胺）季铵盐 D 型（ACQ-D）防腐液中浸泡，每隔 24h 取出 1 次，用纸巾擦干表面的防腐液后测量其厚度并称重，连续测量 7 天后基本稳定，取出试材，进行平衡干燥处理。

（3）密度分布

图 2-14(a) 为试材 1 在厚度方向上的密度分布情况。由图 2-14 可见，试材的早材部分密度小，晚材部分密度大，厚度方向密度的分布很不均匀；而经过水浴预处理和喷水预处理后则可以很好地解决这个问题，试材内部的密度分布较为均匀，且表层密度高，逐渐向内递减（图 2-14、图 2-15）。木材由于早晚材相间

分布而造成密度波动，经过水热预处理后再进行压缩，由于大部分压缩变形产生在早材部分，且这部分变形被部分固定，使早材的密度增加，从而缩小了早晚材的密度差异。

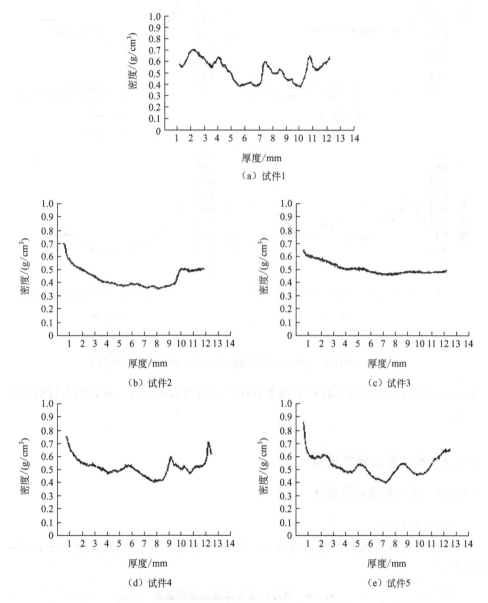

（a）试件1

（b）试件2　　　　　　　　　　　（c）试件3

（d）试件4　　　　　　　　　　　（e）试件5

图 2-14　经过气干和水浴预处理的压缩防腐木在厚度方向的密度分布

经过预处理后的压缩试材在中间厚度处密度都出现了最小值，与试材 1 相比有明显改善。采用不同的预处理方式和条件，水分渗透到木材内的量及位置也有

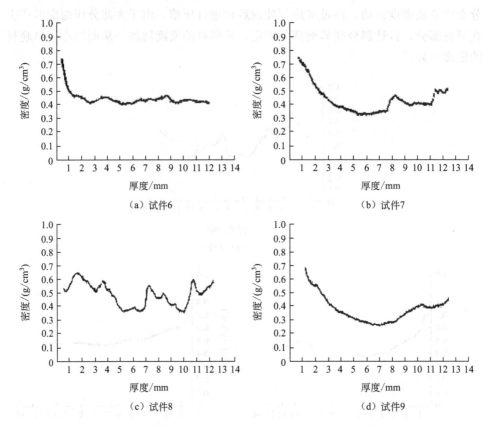

图 2-15　经过喷水预处理的压缩防腐木在厚度方向的密度分布

所不同，从而影响到热压时热量和水分在试材内的移动，进一步影响木材的密度
分布。

2.7.2　木材静曲弹性模量

2.7.2.1　臭冷杉表面压缩材

（1）试材规格

臭冷杉表面压缩材原始信息与压缩厚度如表 2-9 所示（Zhan 和 Avramidis，
2017）。

表 2-9　臭冷杉表面压缩材原料信息

树种	尺寸规格/mm			基本密度（平均值）/(g/cm³)	含水率/%	目标厚度/mm
	长	宽	厚			
臭冷杉	300	100	28	0.319	12±2	23.5

（2）加工工艺

① 木材预处理：试材表面喷水雾处理（100～150g/m²）。

② 热压处理：压机闭合（24s），上下压板热压温度160℃、180℃，压力7.0～10.0MPa，保压10min，压机打开（24s）。

③ 高温热处理：温度180℃、200℃，处理时间1h，常压过热蒸汽环境。

试件编号如表2-10所示。

表 2-10   压缩-热处理试件编号

符号	含义	符号	含义
C	对比试件	h1	热处理温度180℃,处理时间1h
160	热压温度160℃,保持时间10min	h2	热处理温度200℃,处理时间1h
180	热压温度180℃,保持时间10min		

（3）横纹静曲弹性模量（MOE）

表面压缩材横纹 MOE 参量的测试技术流程及厚度方向分布如图 2-16、图 2-17 所示。

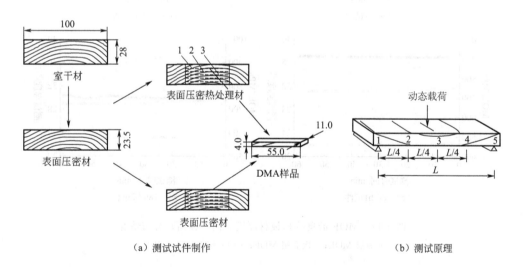

（a）测试试件制作   （b）测试原理

图 2-16   表面压缩臭冷杉横纹 MOE 测试流程与原理

如图 2-17，臭冷杉素材（生材状态）各层横纹 MOE 数值介于 429～476MPa，其中表层区域（近边材区）相对较高；经干燥及平衡处理后，板材含水率降至 4.3%，导致 MOE 增大，表层、次表层、中心层分别为 673MPa、642MPa、584MPa（表 2-11）。

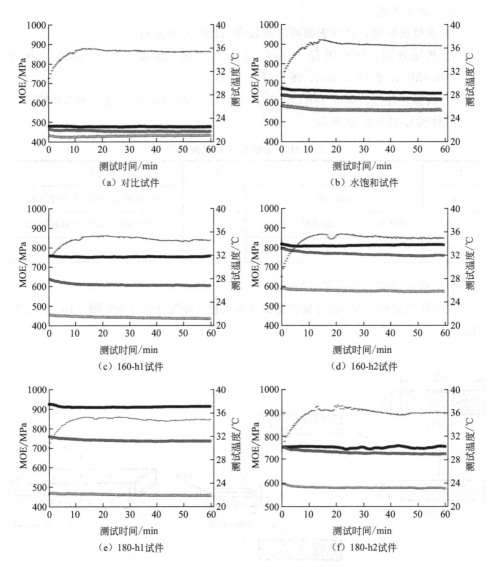

图 2-17　MOE 沿臭冷杉板材厚度方向（径向）分布情况
■ 表层 MOE；● 次表层 MOE；▲ 中心层 MOE；- 温度

表 2-11　臭冷杉表面压缩材分层 MOE 数据[①]

试件类别	MOE/MPa		
	2.25mm（距上表面）	6.75mm（距上表面）	11.75mm（距上表面）
对比材（生材）	476.3(1.4)	453.8(3.2)	429.4(2.4)
平衡处理	653.4(5.9)	622.4(5.5)	563.9(5.8)
160-h1	749.5(1.3)	609.0(6.3)	444.1(4.9)

试件类别	MOE/MPa		
	2.25mm（距上表面）	6.75mm（距上表面）	11.75mm（距上表面）
160-h2	808.0(2.8)	764.6(8.4)	580.1(3.6)
180-h1	911.4(2.8)	742.8(5.3)	468.6(3.7)
180-h2	752.6(3.6)	731.3(6.1)	583.5(2.8)

① 括号内为均方差。

经表面密实化、后期高温处理后，臭冷杉表面压缩材的横纹 MOE 呈现总体上升趋势。与平衡处理材相比，试件 160-h1、160-h2、180-h1、180-h2 的表层 MOE 分别达到 749.5MPa、808.0MPa、911.4MPa、752.6MPa，相应地增加了 14.7%、23.7%、39.5%、15.2%，接近相应状态下落叶松木材横纹 MOE 数值。对于臭冷杉压缩材心层区域，上述四类试件的 MOE 数值分别为 444.1MPa、580.1MPa、468.6MPa、583.5MPa；与平衡对比材水平相近，其中 200℃热处理材仅增加了 3.5%，而 180℃热处理材则降低了 17%~21%。

总的来看，在本研究框架下，热压温度、热处理温度对臭冷杉表面压缩材横纹 MOE 的影响不显著。

2.7.2.2　毛白杨表面压缩材

（1）试材规格

毛白杨表面压缩材原始信息与压缩厚度如表 2-12 所示（李任等，2018）。

表 2-12　毛白杨表面压缩材（弦切板）原料信息

树种	尺寸规格/mm			基本密度（平均值）/(g/cm³)	含水率/%	目标厚度/mm
	长	宽	厚			
毛白杨	400	110	25	0.440	12	20.0

（2）加工工艺

① 木材预处理：将试样石蜡封端后，放入 20℃的水中浸泡 2h，置于 20℃相对湿度 65.0% 的环境下放置 18h。

② 热压处理：将试样置于热压机压板上预热 12min，预热温度分别为 90℃、120℃、150℃、180℃ 和 210℃。预热后在 6MPa 压力下径向压缩 5mm，之后保压 30min，然后通冷水降温，压板温度达到室温后取出试件。

③ 高温热处理：无。

④ MOE（抗弯弹性模量）与 MOR（抗弯强度）测定方法：选择弦向加载与径向加载两种方式来测试层状压缩木材的抗弯弹性模量。抗弯弹性模量的测定

方法按照国家标准 GB/T 1936.2—2009《木材抗弯弹性模量测定方法》，抗弯强度的测定按照国家标准 GB/T 1936.1—2009《木材抗弯强度试验方法》。

试件加工工艺流程与力学性能测试方法如图 2-18 所示（李任等，2018）。

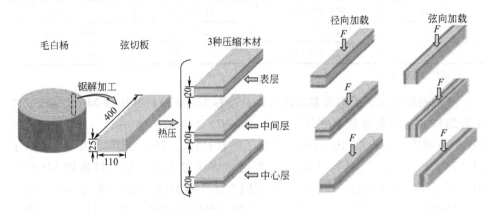

图 2-18　毛白杨表面压缩工艺及力学测试方法

（3）MOE 与 MOR

图 2-19 给出了预热温度对毛白杨层状压缩木材弦向抗弯弹性模量与抗弯强度的影响情况。随着预热温度的增加，层状压缩木材的弦向、抗弯弹性模量逐渐增大。预热温度为 90℃时，弦向抗弯弹性模量为 12.57GPa，较平均密度相同的对照增加 2.6%；210℃时弦向抗弯弹性模量达到最大，为 14.24GPa，较平均密度相同的对照增加 16.2%。木材层状压缩后，压缩木材的弦向抗弯弹性模量较对照会有明显提高，且预热温度越高，弦向抗弯弹性模量越大，但在 90～210℃内，通过增加预热温度的方式不能达到显著提高层状压缩木材弦向抗弯弹性模量的目的。

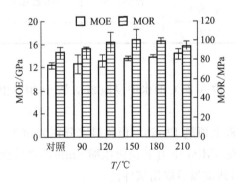

图 2-19　毛白杨表面压缩木材的弦向
MOE、MOR

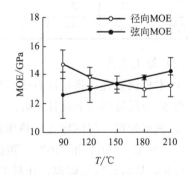

图 2-20　毛白杨表面压缩木材的弦向
MOE 与径向 MOE

如图 2-20 示，对于径向抗弯弹性模量，随着预热温度的增加表现为先减小后增大的变化趋势。预热温度为 90℃ 时，径向抗弯弹性模量值最大，为 14.75GPa，较对照增加 18.3%，180℃ 时径向抗弯弹性模量达到最小值，为 13.03GPa，较对照增加 4.5%，之后继续升高温度，径向抗弯弹性模量呈增大趋势。

2.7.3 木材表面硬度与耐磨性

2.7.3.1 意杨表面强化材

（1）试材规格

意杨表面强化材原始信息与压缩厚度如表 2-13 所示（涂登云等，2012）。

表 2-13 意杨表面压缩材原料信息

树种	尺寸规格/mm			基本密度（平均值）/(g/cm³)	含水率/%	目标厚度/mm
	长	宽	厚			
意杨	925	132	22	0.450	10～15	18.0

（2）加工工艺

① 木材预处理：略。

② 热压处理：在温度 160℃、压力 12MPa 下，以压缩速度 3mm/s，将 22mm 厚试件压缩至 18mm，保压 2.5h。然后通入冷却水，将热压机温度降至 100℃ 以下，取出试件。

③ 高温热处理：在 200℃ 下处理 3h。热处理结束后，试件在热处理箱内冷却至 50℃ 时取出。将试件置于恒温恒湿箱内，干球温度 50℃，湿球湿度 48℃，调整试件含水率到 8%～10%。

④ 力学性能测定：参照 GB/T 1941—2009《木材硬度试验方法》检测试件的表面硬度；参照 GB11718.8—89《中密度纤维板　静曲强度和弹性模量的测量》检测试件的弹性模量（MOE）和抗弯强度（MOR）。

（3）表面硬度与耐磨性

从表 2-14 可见，经表面压缩处理和热处理后，杨木 MOE 有所提高，主要是木材表层形成了压缩层，且经热处理后，试材的含水率较低所致；MOR 略有降低，是由于热处理过程中，木材半纤维素和木质素部分降解；木材表面硬度增幅为 44%，是因为表层形成了致密层。

2.7.3.2 奥古曼表面密实材

（1）试材规格

奥古曼表面密实材原始信息与压缩厚度如表 2-15 所示（刘丹丹等，2018）。

表 2-14　表面压缩杨木试材及其制成实木地板成品的性能

试材类别	检测指标	处理材	对照材
杨木表面压缩热处理材	密度/(g/cm³)	0.54	0.45
	表面硬度/kN	3.60	2.50
	MOR/MPa	62.88	65.20
	MOE/MPa	6.85	6.82
实木地板产品	漆膜硬度/H	2～3	<1
	耐磨转数/(g/100r)	0.08	0

表 2-15　奥古曼表面密实材原料信息

树种	尺寸规格/mm			基本密度(平均值)/(g/cm³)	含水率/%	目标厚度/mm
	长	宽	厚			
奥古曼	300	112	25	0.440	13～15	23.0

（2）加工工艺

① 木材预处理：将试件置于 100℃ 水蒸气中软化 10min。

② 压缩处理：设定木材加压装置压缩量为 2mm，进给速度为 8m/min，进行试件表面密实化处理。

③ 加压热处理：设定热压机的压力值为 1MPa 以使试件表面充分贴合上下热压板，分别设定热处理温度为 180℃、200℃ 和 220℃，处理时间为 10min、20min 和 30min，对试件进行表面热处理。

④ 力学性能测定方法：表面硬度测定按日本标准 JIS Z 2117 进行，耐磨性用磨耗量表示，按照 GB/T 1768—2006《色漆和清漆　耐磨性的测定　旋转橡胶砂轮法》进行。

（3）表面硬度与耐磨性

奥古曼表面密实材不同参数条件表面热处理后的表面硬度如图 2-21 所示。表面硬度的变化呈现先提高后降低的趋势，当温度高于 200℃，延长处理时间会造成木材表面硬度降低。表面热处理温度为 180℃ 时，试件的表面硬度随表面热处理时间的延长而提高。200℃ 处理 20min 后的表面硬度为 23.8MPa，较未密实材提高了 40.8%；200℃ 处理 30min 后的表面硬度为 22.1MPa，较未密实材提高了 30.8%。

不同参数条件表面热处理对表面耐磨性的影响如图 2-22 所示。耐磨性用磨耗量来表征，磨耗量越小表示表面耐磨性越好。由图 2-22 可以看出：表面磨耗量呈现先降低后增加的趋势，当温度高于 200℃，延长处理时间会造成木材表面耐磨性降低。200℃ 处理 20min 时的表面磨耗量为 0.53mm，处理 30min 时的表面磨耗量为 0.61mm。220℃ 处理 30min 时的表面磨耗量为 0.64mm。

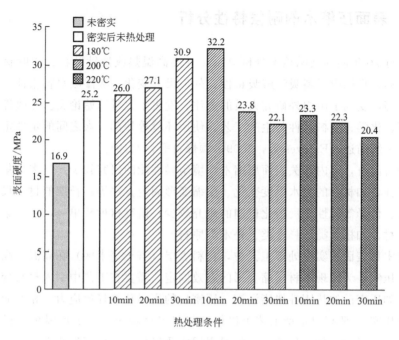

图 2-21 不同参数表面热处理对表面硬度的影响

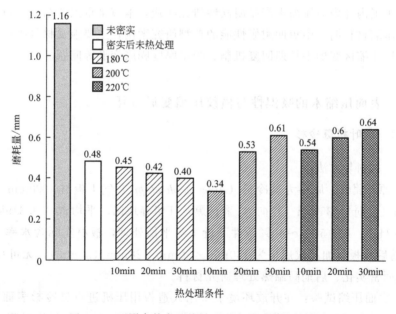

图 2-22 不同参数表面热处理对表面耐磨性的影响

2.8　表面压缩木的耐候特性分析

对近 20 年间的文献检索分析显示，各类高温热改性针叶材、阔叶材的耐候性能，如长短期内材料吸湿解吸特性、外形尺寸变化、吸湿吸水膨胀性、表面色泽特性等，受到了国内外研究人员的关注，发表了大量原始论文。热改性材的诸多物理、化学、机械特性与生产工艺、使用环境等外部因素之间的定性定量关系得到了系统描述（Esteves 等，2009；顾炼百等，2019）。

相对而言，国内有关表面压缩木环境耐候性能的研究较少，且多数集中于短期耐候性，如材料的吸水尺度变化、压缩变形固定方法等；长期的材料尺度、力学指标、色泽等特性发展衍化机制的研究较少；研究树种较单一，主要集中于若干速生材，如杨木类、杉木类、松木类原料。

在木材表面密实化处理工艺中，材料表层（若干毫米区）在高温、高压下被加热、压实；为实现木材压缩变形的有效固定，需要在工艺中引入材料变形固化步骤，如压密前的热固性树脂浸润、压密后的高温环境释放应力。相对而言，木材表面压密-后期高温定型工艺可以保证材料尺度稳定，且更加绿色，材料更具环保性；经过上述加工环节后，材料表层实质经历了两次高温改性，对应两次老化-稳定化处理。

基于国内外表面压缩木产品耐候性研究实践，本节将重点介绍针叶材、阔叶材表面压缩材长期、中短期耐候性能的典型研究案例，主要涉及材料吸湿解吸性能、表层压缩区变形中长期回复机制、吸水厚度膨胀变形等问题。

2.8.1　表面压缩木的吸湿性与横纹压缩变形回复

2.8.1.1　针叶材臭冷杉

（1）材料与方法

① 原料属性：原料为臭冷杉（*Abies nephrolepis*）气干板材 4000mm（长）×250mm（弦向）×35mm（径向），采自黑龙江伊春地区，平均密度 0.319kg/m³。在 20～24℃、RH 55%～60% 条件下近 1 年平衡处理，板材实际含水率 12%±2%。随后将板材加工成规格为 160mm×60mm×28mm（30mm），无可见缺陷，用于表面密实化、后期高温热处理研究材料。

② 表面压缩试验：在开放环境下采用人造板用压机进行臭冷杉表面压密处理。热压机上下压板均自动控温，热压温度为 160℃、180℃，保压时间 10min，随后自然冷却至 100℃下（2h），目标压缩厚度 23.5mm，对应压缩率 16.1%、

21.7%。

③ 后期高温处理：为有效固定表面压缩变形，需要对表面压缩木进行后期高温热处理，处理工艺参考芬兰热改性（ThermoWood®）技术。加热处理在常压过热蒸汽环境中进行，表面压密试件须在温度（103±2）℃下干燥 1h 至绝干状态，随后在 1h 内加热至目标温度（180℃、200℃）并保持 1h。加热过程中需要向热处理室内通入水蒸气作为保护介质。

④ 水分吸湿解吸：将表面密实化后期热处理试件加工成规格为 50mm（L）×60mm（T）×实际厚度 mm（R）（图 2-23），在试件侧部划线。试件按照工艺参数进行编号，编号方案如表 2-16 所示。

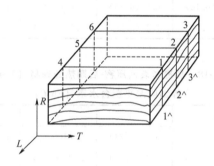

图 2-23 臭冷杉径向湿胀试件

表 2-16 吸湿解吸试件编号规则

符号	工艺参数信息	符号	工艺参数信息
对比试件	对比素材,厚度 30mm	180	热压温度 180℃,保持时间 10min
28	厚度 28mm,压缩率 16.1%	H1	热处理温度 180℃,保持时间 1h
30	厚度 30mm,压缩率 21.7%	H2	热处理温度 200℃,保持时间 1h
160	热压温度 160℃,保持时间 10min	NH	未热处理

水分吸湿解吸试验在环境试验箱内进行，环境条件为温度固定 40℃，RH 分别为 30%、50%、70%、88%、98%，每个平衡处理阶段持续 24×7=168h，试件在 RH 98% 下达到平衡后进行浸水处理，最后达到水饱和态；水分吸附试验结束后，随即开始反向的水分解吸试验，条件与吸湿相同，方向相反。在 RH 30% 下达到平衡后在（103±2）℃下干燥处理，至绝干状态结束。

⑤ 吸湿解吸等温线：木材-水分关系是木材科学的基础理论，关系到木材加工利用的诸多方面，具有重要理论价值与实践意义。关于典型木材树种的水分吸附解吸等温理论与基础数据可在各类专著与技术手册中查询，包括一些热处理木材、改性处理木材。然而，针对表面压缩木材产品的相关理论与研究数据未见系统性的报道与分析。表 2-17、表 2-18 给出了本研究框架下臭冷杉表面压缩-后期

热处理材的等温吸湿（40℃）原始数据（Zhan 和 Avramidis，2017）。

表 2-17　臭冷杉表面压密-后期热处理材（28mm）

等温吸湿平衡含水率（EMC）　　　　　单位：%

相对湿度/%	30	50	70	88	98
H2-160-28	3.40(0.10)	6.09(0.17)	8.70(0.17)	12.45(0.30)	17.47(0.56)
H1-160-28	3.76(0.07)	6.48(0.18)	9.35(0.14)	13.34(0.34)	19.19(0.64)
NH-160-28	3.70(0.04)	6.52(0.16)	9.43(0.10)	13.48(0.11)	19.18(0.17)
H2-180-28	3.43(0.16)	6.03(0.29)	8.83(0.36)	12.43(0.36)	17.33(0.74)
H1-180-28	3.76(0.08)	6.60(0.28)	9.19(0.15)	13.36(0.15)	18.87(0.35)
NH-180-28	3.72(0.10)	6.52(0.19)	9.44(0.15)	13.54(0.18)	18.82(0.31)
Control(对比素材)	4.07(0.08)	7.12(0.26)	9.94(0.20)	14.80(0.16)	20.27(0.18)

注：括号内为均方差。

表 2-18　臭冷杉表面压密-后期热处理材（30mm）

等温吸湿平衡含水率（EMC）　　　　　单位：%

相对湿度/%	30	50	70	88	98
H2-160-30	3.20(0.07)	6.36(0.21)	8.73(0.10)	12.52(0.15)	17.51(0.21)
H1-160-30	3.69(0.04)	6.49(0.15)	9.25(0.07)	13.37(0.11)	19.12(0.19)
NH-160-30	3.99(0.11)	6.89(0.20)	9.78(0.08)	13.95(0.12)	19.48(0.28)
H2-180-30	3.45(0.08)	5.91(0.25)	8.69(0.15)	12.60(0.24)	17.74(0.53)
H1-180-30	3.74(0.09)	6.56(0.16)	9.29(0.19)	13.35(0.25)	19.32(0.37)
NH-180-30	3.77(0.14)	7.00(0.34)	9.74(0.21)	13.93(0.33)	19.43(0.65)
Control(对比素材)	4.07(0.08)	7.12(0.26)	9.94(0.20)	14.80(0.16)	20.27(0.18)

注：括号内为均方差。

各个吸附解吸阶段的平衡含水率（EMC）按照下式计算：

$$EMC=\frac{W_e-W_o}{W_o}\times100\%$$

式中，W_o 为各类试件的绝干质量；W_e 为相应平衡阶段的实时质量。

采用简化后的 DENT 水分吸附模型来分析对比试件与处理试件的等温吸附数据，模拟计算方法如下：

$$\frac{RH}{EMC}=A+B\times RH+C\times(RH)^2$$

式中，A、B、C 为拟合处理系数，可以通过 MS Excel 软件包的"Solver"工具箱来计算获得。

⑥ 横纹吸湿膨胀应变率：为便于定量评价表面压密热处理试件厚度膨胀变

形机制，采用一个无量纲的膨胀应变率"S_r"，用于分析横纹变形行为：

$$S_r = \frac{\lambda - \lambda_o}{\lambda_s} \times 100\%$$

式中，λ_o 为吸附试件绝干厚度（径向），mm；λ_s 为水分饱和态厚度（径向），mm；λ 为特定平衡阶段的实时厚度（径向），mm。

（2）结论与启示

① 吸湿解吸特性：在温度 40℃、相应相对湿度条件下，对比试件的吸湿平衡含水率为 4.07％、7.12％、9.94％、14.80％、20.27％，相应的解吸平衡含水率为 5.10％、8.70％、12.23％、17.67％、22.24％，其等温吸湿解吸曲线及相应的 DENT 拟合曲线如图 2-24 所示。

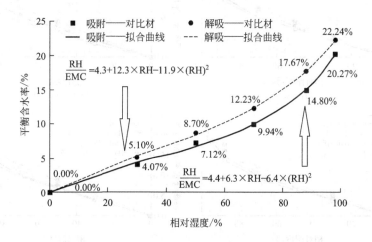

图 2-24　臭冷杉对比素材的等温吸湿解吸平衡含水率测定值与数学模拟曲线

图 2-25 为各类表面压缩热处理材与对比素材的等温吸附解吸曲线。

图 2-26 为各类表面压缩热处理材与对比素材的等温吸附解吸滞后曲线。

二元方差分析（ANOVA）显示，在本研究框架下，后期热处理条件与各类试件的等温吸附解吸变量存在显著性关系（$P=0$），随着处理强度加大，试件的水分吸附能力降低。在各类试件内部，等温吸附解吸的进行导致试件出现了吸附滞后现象，受到表面热压-后期热处理影响，其吸附滞后值较对比试件存在一定的波动，特别是在高相对湿度条件下。此外，研究数据显示，臭冷杉表面压密工艺对其等温吸附解吸影响不显著。例如，热压温度从 160℃升至 180℃，相应的 P 值为 0.91；表面压缩率从 16.1％增大至 21.7％，其 P 值为 0.29。

② 横纹径向压缩变形自然回复（吸湿膨胀）：各类表面压密热处理材在等温

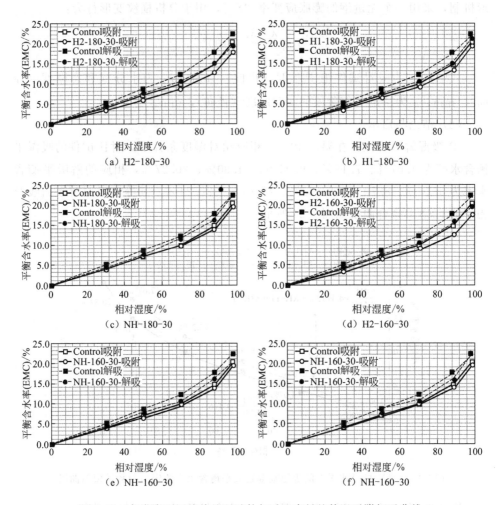

（a）H2-180-30

（b）H1-180-30

（c）NH-180-30

（d）H2-160-30

（e）NH-160-30

（f）NH-160-30

图 2-25　各类表面压缩热处理试件与对比素材的等温吸附解吸曲线

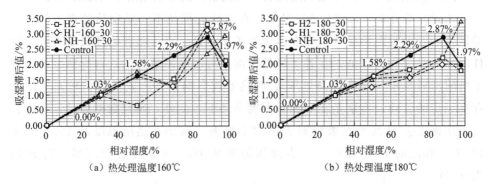

（a）热处理温度160℃

（b）热处理温度180℃

图 2-26　各类表面压缩热处理材与对比素材的等温吸附解吸滞后曲线

吸湿环境下的横纹（厚度方向）变形回复如图 2-27 所示（Zhan 和 Avramidis，2016）。

如图 2-27，表面压密与后期热处理组合工艺对臭冷杉板材厚度吸湿膨胀应变率的影响，采取阶段性降低湿度的方式来分析、描述，共涉及 5 个平衡相对湿度和 96h 饱水浸润处理。与对照素材变形比较，在 6 种平衡环境下，各类处理试件的膨胀应变率均呈增长趋势。随吸附试验逐阶向高湿状态逼近，处理材与对照素材间的应变率差值呈扩大趋势。以素材与 H1-180-30 组试件应变率差值为例，对照相对湿度 30%、50%、70%、88%、98% 及饱水浸润 6 种状态，两种试件间应变率差分别为 0.43%、0.82%、1.27%、1.90%、3.32%、4.25%。此外，在特定吸附条件下，两种热处理温度水平间的膨胀变形呈缩小趋势。热处理温度的提升导致相应的膨胀应变率减小。例如，针对 30%、50%、70%、88%、98% 等 5 种水分吸附条件，试件 H2-160-28、H1-160-28 间的膨胀应变率差分别为 -0.02%、-0.23%、-0.52%、-0.94%、-1.41%。二元变量方差分析显示，后期热处理工艺对臭冷杉厚度膨胀行为影响显著（$P=0.044$）。表面热压温度对臭冷杉径向膨胀行为的影响情况复杂，涉及表面压密处理与后期高温处理的相互影响。统计分析（二元 ANOVA）表明，热压温度水平对径向膨胀影响不显著（图 2-27，$P=0.131$）。

表面压缩率的增加（16.1%～21.7%,）导致各类处理试件（H1-180 例外）横纹膨胀变形增加。统计分析显示，降低表面压缩率可实现表面密实-热处理材径向膨胀变形显著降低（二元 ANOVA，$P=0.04$）。

2.8.1.2 阔叶材杨木

（1）试验材料

毛白杨（*Populus tomentosa*）原木，采自山东省冠县。将其加工成 500mm（L）×110mm（T）×40mm（R）的试材，气干至含水率 12% 左右，再加工成 500mm（L）×100mm（T），厚度（R）规格分别为 20mm（对照材）和 25mm、30mm（压缩材）。

（2）表面压缩处理

将试件横断面和径切面用石蜡进行封端处理后，在水中浸泡 2.0h 取出，在热压机上进行压缩。热压板温度为 180℃，压力为 6MPa。采用间歇性加压，每个循环的加热时间为 10s，压缩时间为 3s，压缩速率为 0.5mm/s。压缩后试样的目标厚度为 20mm，压缩结束后保持压力 30min。

（3）压缩固定

在常压和 0.3MPa 过热蒸汽下，分别对表层压缩木材试样进行热处理。热处

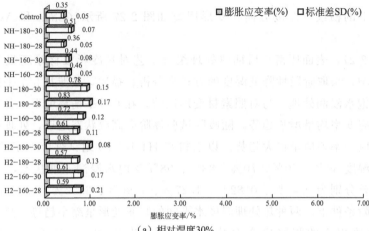

（a）相对湿度30%

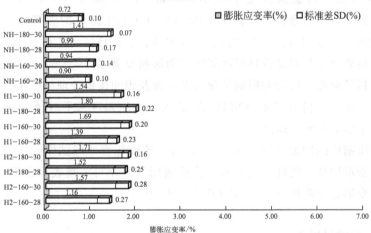

（b）相对湿度50%

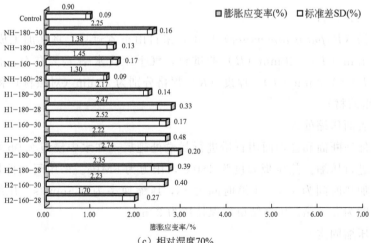

（c）相对湿度70%

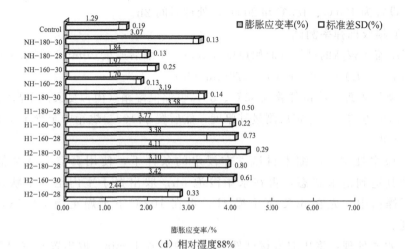

（d）相对湿度88%

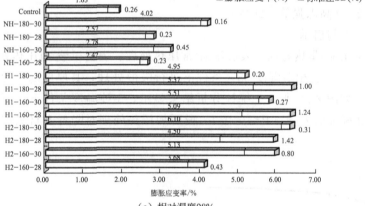

（e）相对湿度98%

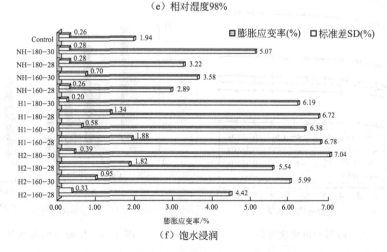

（f）饱水浸润

图2-27 臭冷杉表面压密热处理材在等温吸湿环境下的横纹（厚度方向）变形回复

理温度设置为 170℃、185℃和 200℃，处理时间 2h。

（4）横纹回弹率测试

用压缩率较高的试样（原始厚度 30mm、压缩后厚度 20mm）制取试件，尺寸为 10mm（L）×100mm（T）×20mm（R）。

① 吸湿处理：将试件放入 35℃、85%恒温恒湿箱（模拟夏天高温高湿环境）中，至压缩方向尺寸稳定后测量其厚度；然后置于 103℃烘箱中至绝干状态，测量绝干厚度。

② 吸水处理：压缩木材试件在浸水的条件下，使用真空泵持续抽真空 1h，使其达到饱水状态，再在水中浸泡 6h；取出置于室内至气干状态；再放入干燥箱中，先在 60℃下干燥 4h，再在 103℃下干燥至绝干状态，测量其厚度。

③ 水煮处理：将压缩木材试件在沸水中水煮 10min，取出置于室内至气干状态；再放入干燥箱中，先在 60℃下干燥 4h，再在 103℃下干燥至绝干状态，测量其厚度。（高志强等，2017）。

（5）结果与启示

将表层压缩-非热处理、表层压缩-常压热处理、表层压缩-加压热处理 3 类试件置于温度 35℃、相对湿度 85%条件下进行吸湿处理，其厚度随吸湿处理时间的变化曲线如图 2-28 所示。统计分析结果显示，3 种温度条件下，不同处理方式之间存在极显著差异（$P<0.01$），说明加压热处理对降低木材吸湿厚度变化效果明显。

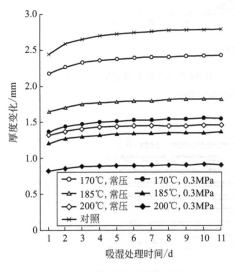

图 2-28 吸湿厚度膨胀变形

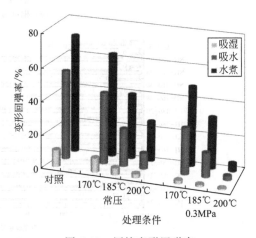

图 2-29 压缩变形回弹率

如图 2-29 所示，与未热处理对照试件相比，常压热处理和加压热处理试件的变形回弹率均有明显降低，均表现出随着热处理温度升高，变形回弹率降低的趋势。多重比较分析表明，在常压和加压条件下，相邻两个温度间（相差15℃），温度的增加对压缩材降低吸湿、吸水和水煮回弹率影响显著。

2.8.2　表面压缩木的吸水厚度膨胀率

2.8.2.1　非洲奥古曼

（1）试验材料

奥古曼（Aucoumea klaineana），产自非洲加蓬，气干密度约为 0.44g/cm³，将锯材气干至含水率13%～15%之后，锯切成300mm（纵向）×110mm（弦向）×25mm（径向）。

（2）表面压缩处理

将试件置于100℃水蒸气中软化10min后，设定木材柱面连续滑动加压装置压缩量为2mm，进给速度为8m/min，对试件表面进行密实化处理。

（3）表面热处理

将表面密实材试件平衡处理（20℃、RH 65%）一个月后，用铝箔包覆以避免其表面受到污染。设定热压机的压力值为1MPa以使试件表面充分贴合上下热压板，分别设定热处理温度为180℃、200℃和220℃，处理时间为10min、20min和30min，对试件进行表面热处理，将热处理后的试件平衡处理一个月后进行各项性能检测。

（4）压缩变形回弹测试

将试件加工成10mm（纵向）×100mm（弦向），分别进行吸湿、吸水及水煮处理。

①吸湿回弹实验：将试件放入恒温恒湿箱中，在温度35℃、湿度85%条件下放置至压缩方向尺寸稳定后取出，放入103℃干燥箱中烘至绝干状态，测量其绝干厚度；②吸水回弹实验：将试件在浸水条件下放置至饱水状态，取出置于室内至气干状态，再放入干燥箱中，在60℃下干燥4h，再在103℃下干燥至绝干状态，测量其厚度；③水煮回弹实验：将试件在沸水中煮10min后，取出置于室内至气干状态，再放入干燥箱中，先在60℃下干燥4h，再在103℃下干燥至绝干状态，测量其厚度。

木材压缩变形回弹率计算方法如下：

$$R = \frac{d_r - d_c}{d_0 - d_c} \times 100\%$$

式中，R 为木材压缩变形回弹率，%；d_0 为压缩前绝干试件厚度，mm；d_c

为压缩后绝干试件厚度，mm；d_r 为吸湿（吸水或水煮）试件厚度，mm。

（5）结果与启示

奥古曼试件不同参数条件下表面热处理后的吸湿、吸水和水煮压缩变形回弹率如图 2-30 所示。相比未经表面热处理的试件，表面热处理后试件的回弹率显著降低，并且 3 种回弹率均随表面热处理温度的升高而降低。例如，180℃处理 10min 后的吸湿、吸水和水煮回弹率分别为 11.1%、31.3% 和 66.7%；200℃处理 10min 后的吸湿、吸水和水煮回弹率分别为 7.9%、9.7% 和 34.9%；220℃处理 10min 后的吸湿、吸水和水煮回弹率分别为 3.6%、6.9% 和 11.7%。

三种回弹率均随着表面热处理时间的延长而降低。其中，220℃处理 10min 后的吸湿、吸水和水煮回弹率分别为 3.6%、6.9% 和 11.7%；处理 20min 后的吸湿、吸水和水煮回弹率分别为 2.9%、4.6% 和 9.1%；处理 30min 后的吸湿、吸水和水煮回弹率分别为 0.9%、2.1% 和 3.0%。

2.8.2.2　毛白杨

（1）试验材料

毛白杨，产自河南，四面刨光，含水率 10%～15% 试件尺寸 925mm×132mm×25mm。

（2）热处理阶段

将试件在自制小型炭化热处理设备内进行热处理，热处理温度为 195℃，处理时间 3h。热处理结束后，试件在炭化热处理设备内冷却至 50℃，此时试样含水率 3%～6%。

（3）热压缩阶段

把热压机加热至 160℃，然后将试件放入热压机中，接触压机板面预热 10min，控制压力 12MPa，压缩速度 3mm/s。通过调节厚度规控制压缩率。压缩结束后取出试件，此时试样含水率 1%～3%。

（4）结论与建议

保压时间及压缩率都对吸水厚度膨胀率有影响，压缩时间越短、压缩率越大都可能导致吸水厚度膨胀率增大，但压缩率对结果的影响较为显著。高温热处理杨木经热压后厚度会因为吸水而回弹，但随着压缩时间的增加，分子内部缓慢塑化使部分回弹得以固定。在实际生产中考虑到节约材料、能源及提高生产效率等，往往会选择比较合理的压缩率、压缩时间及压缩温度来进行生产，而从其他方面来降低回弹，如对试样进行防水处理等。

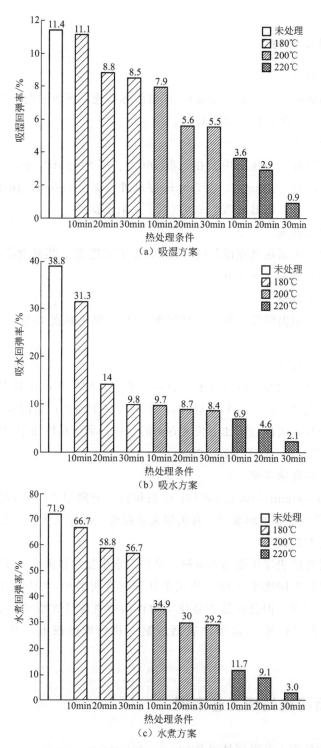

图 2-30 奥古曼各类处理试件压缩变形回弹率

2.8.2.3 意杨地板材

（1）试验材料

意杨（*Populus euramevicana*），产自江苏宿迁，四面刨光，规格 925mm×132mm×22mm，含水率 10%～15%。

（2）表层压缩

将杨木试材放入热压机中，在温度 160℃、压力 12MPa 下，采用特定的压缩工艺，以压缩速度 3mm/s，将 22mm 厚试件压缩至 18mm，保压 2.5h。然后通入冷却水，将热压机温度降至 100℃以下，取出试件。

（3）高温热处理

将试件放入小型热处理设备内，在 200℃下处理 3h。热处理结束后，试件在热处理箱内冷却至 50℃时取出。

（4）含水率调整

将试件置于恒温恒湿箱内，干球温度 50℃，湿球湿度 48℃，调整试件含水率到 8%～10%。

（5）实木地板加工

先采用重砂机对坯料背面（未压缩面）进行定厚砂光，再对正面（压缩面）进行砂光（砂光量<0.7mm），以提高其平整度便于油漆；采用双端铣加工地板宽度方向的企口，用四面刨加工长度方向的企口；采用水性油漆封边；地板正面和背面涂布 UV 漆（漆膜厚度 0.2mm）。

（6）吸水厚度膨胀率

将规格为 100mm×100mm×18mm 的试件，分别用 20℃水浸泡 24h 和沸水煮 2h，计算其吸水厚度膨胀率。有关研究数据略，可详见涂登云等（2012）。

（7）结论与建议

经过热处理的表层压缩杨木试材，分别在水中浸泡和沸水蒸煮后，表面依然平整；虽然其厚度膨胀率（TS）均比未处理材有所增加，原因是压缩层在吸水过程中产生了回弹，但仍远低于强化木地板用中密度纤维板基材的厚度膨胀率（国家标准要求<18%），说明经表面压缩＋热处理的杨木，可用于生产实木地板。

2.9 表面压缩处理工艺案例

表面压缩处理工艺案例见表 2-19。

表2-19　表面压缩处理工艺案例

序号	树种	原料属性	软化预处理	表面密实化	压缩固定	出处
1	臭冷杉 (Abies nephrolepis Maxim.)	密度:319kg/m³; 尺寸规格:150mm×60mm×28mm; 板种:滚切板; 含水率:12%±0.5%	试材表面刨光处理; 喷水雾处理(100~150g/m²)	压机闭合(24s),上下压板热压温度160℃,180℃,压力7.0~10.0MPa,保压10min,压机打开(24s),目标压缩厚度23.5mm	在120℃的条件下加热10min,在1h内将温度缓慢提高到180℃(200℃),保温1h	Zhan 和 Avramidis, 2017
2	苏格兰松 (Pinus sylvestris L.)	密度:530kg/m³; 尺寸规格:145mm×100mm×12mm; 板种:滚切板; 含水率:12%	表面加热	热压温度150℃,保压1h; 自然冷却(3h)至100℃,压缩厚度5.0mm,密度1055kg/m³	在120℃的条件下加热0.5h,在0.5h内升温至200℃,保温3h,处理过程中通入水蒸气,热处理质量损失3.6%	Laine 等, 2013
3	苏格兰松 (Pinus sylvestris L.)	密度:530kg/m³; 尺寸规格:140mm×50mm×20(16)mm; 板种:滚切板; 含水率:9.6%,12.4%,15.6%	表面加热	压机闭合(30s,300s),下压板热压温度150℃,200℃,保压1min,10min,压板冷却(>30s),目标压缩厚度15mm	—	Rautkari 等, 2011
4	马尾松 (Pinus massoniana Lamb.)	尺寸规格:300mm×100mm×22mm	在温度100℃和99.5℃,相对湿度约为100%的条件下进行气蒸预处理(1.5h,2.5h,3h); 含水率12%,17%,22%; 在马尾松锯材进行热压干燥下,对一定的温度和压力下,处理; 当试材冷却至室温后,在试材两面均匀涂刷一定量的热固性树脂(酚醛树脂、三聚氰胺脲醛树脂和三聚氰胺改性脲醛树脂)	待树脂凝固后再将试材放在热压机上进行热压干燥(温度140℃,160℃,180℃,压力0.2MPa,0.3MPa,0.4MPa),至终含水率停止干燥,在加压的状态下让其冷却至室温	—	汪佑宏等, 2006

续表

序号	树种	原料属性	软化预处理	表面密实化	压缩固定	出处
5	杉木 (Cunninghamia lanceolata Hook.)	尺寸规格: 100mm × 50mm×25mm; 基本密度: 0.355g/cm³	包括水浴处理和表面喷水处理两种方式; 水浴处理温度采用50℃和80℃两种; 表面喷水处理的喷水量为200mL和400mL	热压温度160℃, 热压时间20min, 压缩目标厚度12mm; 将表面压缩材放入常温下1%的铜氨(胺)季铵盐D型(ACQ-D)防腐液中浸泡, 隔24h取出1次, 用纸巾擦干表面的防腐液后测量其厚度并目称重, 连续测量7d后基本稳定, 取出试材, 进行平衡干燥处理	—	毛佳等, 2009
6	辐射松 (Pinus radiata D. Don)	尺寸规格: 150mm × 60mm×20mm; 密度(RH 65%, 20℃): 0.478~0.495g/cm³ (对比材), 0.515~0.532g/cm³(乙酰化材); 含水率: 12.3%(对比材), 3.3%(乙酰化材); Accoya® 乙酰化材	表面刨光处理 表面加热	热压温度150℃, 闭合时间0.5min, 保压1min, 水冷至60℃, 目标压缩厚度18.0mm, 压缩率10%	—	Laine等, 2014
7	云南松 (Pinus yunnanensis)	尺寸规格: 350mm × 55mm×16mm; 含水率:11%~13%	—	热压温度150℃, 闭合后5~6s完成压缩, 保压10min后卸压取出试件。压缩后的试样厚度为11mm, 以厚度规控制试样厚度, 压缩率为31%	选择水蒸气作为保护气体, 升温速率≤10℃/h, 最高蒸汽温度分别为180℃和220℃, 处理2h, 试样冷却至60℃后取出	陈太安等, 2012

续表

序号	树种	原料属性	软化预处理	表面密实化	压缩固定	出处
8	I-214杨 (Populus euramevicana)	尺寸规格:350mm×55mm×27mm;含水率:15%;气干密度:0.481g/cm³	—	在150℃下加压压缩至目标厚度18mm,热压时间20min;热压过程采用分段升压方式进行,最大压力为4.5MPa	高温热处理工艺为:温度190℃,210℃;时间3h	蔡家斌,丁涛,2009
9	杨木 (Populus nigra)	尺寸规格:350mm×900mm×20,22,24mm;含水率:20%	—	目标压缩厚度18mm,压缩率分别为10%,18%和25%;热压过程每隔5min热压板张开1次,每次60s。压缩完成后,将试材置于压力为5MPa的冷压机中10min,以减小压缩杨木回弹	以水蒸气作为保护气体,对压缩杨木进行热处理,温度为180℃,190℃,200℃,每种温度下,处理时间分别为1.5h、2.5h、3.5h,共9组	蔡家斌等,2012
10	青杨 (Populus cathayana)	尺寸规格:300mm×50mm×37mm;气干密度:0.520g/cm³;含水率:8.69%;平均年轮宽度:7.18mm	将试样在50℃,50%的甘油水溶液中浸泡10h,使其平均吸液量为7.75×10⁻² g/cm³,浸泡完成的试样立即进行压缩处理	热压温度为140℃、160℃、180℃,保压时间30~240min(压缩目标厚度为15mm(压缩率60%)	—	闫丽等,2014

续表

序号	树种	原料属性	软化预处理	表面密实化	压缩固定	出处
11	番龙眼（Pometia spp.）	尺寸规格：930mm×128mm×18mm；密度：0.656g/cm³；含水率：11.30%	试材端面封闭处理在水中浸泡0.5h	热压温度160℃,压力8.0MPa,闭合速率0.51mm/s,保压30min	温度180℃,处理时间2h,过热蒸汽压力0.3MPa	黄荣凤等,2019
	桦木（Betula spp.）	尺寸规格：930mm×130mm×20mm；密度：0.616g/cm³；含水率：12.97%				
12	意杨（Populus euramevicana）	尺寸规格：925mm×132mm×22mm；密度：0.450g/cm³；含水率：10%~15%		在温度160℃下,以压缩速度3mm/s,将22mm厚试件压缩至18mm,保压2.5h。然后通入冷却水,将热压机温度降至100℃以下,取出试件	在200℃下处理3h。热处理结束后,试件在热处理箱内冷却至50℃时取出。将试件置于恒温恒湿箱内,干球温度50℃,湿球湿度48℃,调整试件含水率到8%~10%	涂登云等,2012
13	奥古曼（Aucoumea klaineana）	尺寸规格：300mm×112mm×25mm；密度：0.440g/cm³；含水率：10%~13%	将试件置于100℃水蒸气中软化10min	设定木材加压装置压缩量为2mm,进给速度为8m/min,进行试件表面密实化处理	设定热压机的压力值为1MPa以使得试件表面充分贴合上下热压板,分别设定热处理温度为180℃、200℃和220℃,处理时间为10min、20min和30min,对试件进行表面热处理	刘丹丹等,2018

参考文献

［1］ 刘占胜，张勤丽，张齐生．压缩木制造技术［J］．木材工业，2000，14（05）：19-21.

［2］ 涂登云，陈川富，周桥芳，欧荣贤，王先菊．木材压缩改性技术研究进展［J］．林业工程学报，2021，6（01）：13-20.

［3］ 黄荣凤，高志强，吕建雄．木材湿热软化压缩技术及其机制研究进展［J］．林业科学，2018，54（01）：154-161.

［4］ 王艳伟，黄荣凤．木材密实化的研究进展［J］．林业机械与木工设备，2011，39（08）：13-16.

［5］ 汪佑宏，顾炼百，王传贵，等．木材热压干燥及表面强化研究综述［J］．林业科技开发，2005（03）：13-15.

［6］ 蔡家斌，庄寿增，吉林莹．马尾松速生材热压干燥的初步研究［J］．林业科技开发，1997（05）：38-39.

［7］ 侯俊峰，伊松林，周永东，等．热压干燥过程中热压板温度对杨木水分状态的影响［J］．北京林业大学学报，2018，40（06）：111-116.

［8］ 侯俊峰，周永东．木材热压干燥研究现状与应用前景［J］．世界林业研究，2017，30（06）：41-45.

［9］ 蔡家斌，庄寿增，钱世江．热压干燥工艺因素对速生材材性及干燥质量的影响［J］．林产工业，1998（01）：18-20.

［10］ 侯俊峰．杨木锯材周期式热压干燥工艺及其传热传质机理［D］．北京：中国林业科学研究院，2019.

［11］ Zhan J F, Avramidis S. Transversal mechanical properties of surface-densified and hydrothermally modified needle fir wood［J］. Wood Sci Technol, 2017, 51（04）: 721-738.

［12］ 汪佑宏，顾炼百．马尾松锯材热压干燥工艺的研究［J］．林产工业，2002，29（06）：16-19.

［13］ 战剑锋，曹军，顾继友，等．臭冷杉表面密实化及后期高温热处理工艺［J］．南京林业大学学报（自然科学版），2015，39（03）：119-124.

［14］ 赵一鸣，韦秋燕，赵永佳，等．低质针叶材表面压密处理制备地热用实木地板的工艺研究［J］．林业机械与木工设备，2016，44（05）：33-38.

［15］ 刘君良，李坚，刘一星．PF预聚物处理固定木材压缩变形的机理［J］．东北林业大学学报，2000，28（04）：16-20.

［16］ 方桂珍，李坚，苏磊．温度对多元羧酸与木材交联反应的影响［J］．东北林业大学学报，1998，26（05）：54-56.

［17］ 黄荣凤．实木层状压缩技术［J］．木材工业，2018，32（01）：61-62.

［18］ 蔡家斌，李涛．高温热处理对杨木压缩板材物理力学性能的影响［J］．林业科技开发，2009，23（03）：104-106.

［19］ 高志强，张耀明，吴忠其，等．加压热处理对表层压缩杨木变形回弹的影响［J］．木材工业，2017，31（02）：24-28.

[20] 毛佳, 曹金珍. 户外用压缩防腐木——ACQ-D 木材的处理技术初探 [J]. 北京林业大学学报, 2009, 31（03）: 100-105.

[21] 李任, 黄荣凤, 常建民, 等. 预热温度对层状压缩木材力学性能的影响 [J]. 浙江农林大学学报, 2018, 35（05）: 935-941.

[22] 涂登云, 杜超, 周桥芳, 等. 表层压缩技术在杨木实木地板生产中的应用 [J]. 木材工业, 2012, 26（04）: 46-49.

[23] Laine K, Belt T, Rautkari L, et al. Measuring the thickness swelling and set-recovery of densified and thermally modified Scots pine solid wood [J]. J Mater Sci, 2013（48）: 8530-8538.

[24] Laine K, Segerholm K, Walinder M, et al. Micromorphological studies of surface densified wood [J]. J Mater Sci, 2014（49）: 2027-2034.

[25] Rautkari L, Laine K, Laflin N, et al. Surface modification of Scots pine: The effect of process parameters on the through thickness density profiles [J]. J Mater Sci, 2011, 46: 4780-4786.

[26] 汪佑宏, 顾炼百, 王传贵, 等. 马尾松速生材的表面强化工艺观察 [J]. 南京林业大学学报, 2006, 30（6）: 17-22.

[27] Laine K, Segerholm K, Walinder M, et al. Surface densification of acetylated wood [J]. Eur J Wood Prod, 2016（74）: 829-835.

[28] 陈太安, 徐忠勇, 王昌命, 等. 热处理对表层压缩云南松木材性能的影响 [J]. 木材工业, 2012, 26（05）: 45-48.

[29] 蔡家斌, 丁涛, 杨留, 等. 压缩-热处理联合改性对杨木尺寸稳定性的影响 [J]. 木材工业, 2012, 26（05）: 41-44.

[30] 闫丽, 曹金珍, 崔永志. 压缩工艺对甘油预处理压缩木性能的影响 [J]. 木材工业, 2014, 28（01）: 14-17.

[31] Zhan J F, Avramidis S. Needle fir wood modified by surface densification and thermal post-treatment: hygroscopicity and swelling behavior [J]. European Journal of Wood and Wood Products, 2016, 74: 49-56.

[32] Esteves B M, Pereira H M. Wood modification by heattreatment: A review [J]. Bioresources, 2009, 4（1）: 370-404.

[33] 顾炼百, 丁涛, 江宁. 木材热处理研究及产业化进展 [J]. 林业工程学报, 2019, 4（04）: 1-11.

[34] 蔡家斌, 董会军. 木材压缩处理技术研究的现状 [J]. 木材工业, 2014, 28（06）: 28-31, 34. DOI: 10. 19455/j. mcgy. 2014, 06, 009.

[35] 刘丹丹, 关惠元, 黄琼涛. 热处理对表面密实材变形固定及性能影响 [J]. 北京林业大学学报, 2018, 40（07）: 121-128. DOI: 10. 13332/j. 1000-1522. 20180175.

木材高温热处理-植物油蜡涂饰浸润组合技术

3.1 生态型木材表面装饰处理材料——植物油蜡

　　植物油蜡俗称为木蜡油，是由植物油脂、动植物蜡、辅助溶剂、助剂组成的天然改性剂。其中植物油脂通常由植物种子中提取制得，不同种类的植物油脂结构基本类似，主要由甘油基上连接 3 个长链饱和或不饱和脂肪酸组成（图 3-1）。脂肪酸长链一般含有 14～22 个碳原子，其链长主要影响植物油的物理性质，包括熔点和室温下的黏度等（张宏宏等，2021）；其饱和度则主要影响植物油的化学性质，包括反应活性和耐氧化性等。植物油脂的饱和度越

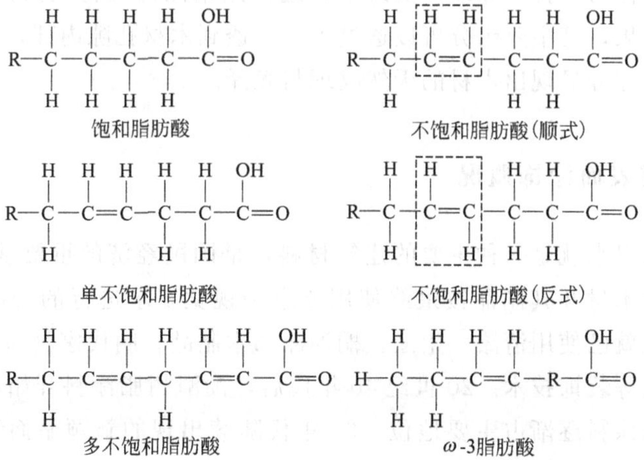

图 3-1　不同甘油基脂肪酸链结构式

低，氧化速度越快，其数值大小可用碘值表示。各类植物油的成分对比见图 3-2。

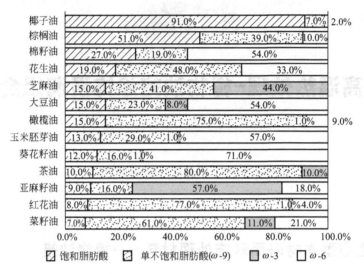

| | 饱和脂肪酸 | 单不饱和脂肪酸(ω-9) | ω-3 | ω-6 |

图 3-2 各类植物油的成分对比

所谓碘值就是每 100g 油脂能够吸收碘的克数。因为油脂中的共轭双键结构容易与碘发生加成反应，双键越多，吸收的碘量越大，油脂的干燥也就越快。碘值在 130 以上的，像桐油、梓油、亚麻籽油等属于干性油；碘值在 100～130 之间的是半干性油，如豆油、玉米油、芝麻油、葵花籽油等；碘值在 100 以下的则属于不干性油，如蓖麻油、椰子油、花生油等。

植物油蜡作为一种环保改性处理剂，通常用来涂饰木材表面，以达到装饰、保护木材的效果，其主要组分可以透过表层渗透到木材孔隙内部，并在木材表面形成亚光膜，充分显现出木材的天然纹理与光泽。

3.1.1 木材表面涂饰概况

木材自古以来就是一种主要的建筑材料，是国民经济的重要基础物资之一。木材涂饰是对木材及其制品按最终使用要求和视觉要求进行的表面加工处理过程。中国古代就已使用清漆、生漆、桐油涂饰木制品。明代家具除涂饰外，还有了雕刻、镶嵌等装饰技术。20 世纪 40 年代后，酚醛树脂涂料开始在一些国家采用，合成树脂涂料逐渐占主要地位。60 年代陆续出现的新颖贴面装饰材料，又为木材表面装饰工艺的进一步发展提供了条件。木材自然优雅的质地、颜色和花纹，一直深受广大消费者的喜爱，但自然生长的木材表面存在着各种缺陷，如变色、腐朽、油脂、木节、裂缝、虫眼等，会直接影响木材的表面装饰质量和档次，因此必须对木材表面进行合理的优化处理。

木材表面涂饰对材料的作用主要有以下几个方面：

（1）保护性

木材表面涂饰最初是以保护木材为目的，如传统的桐油和生漆涂刷，通过形成一层屏障，防止真菌、昆虫、海生钻孔动物和其他生物体对木材的侵害；用防水涂料涂饰处理的木材，可以形成完整的外表面涂层，大大减小木材吸收水分的速率，从而降低木材的吸湿性，对长期存放在阴暗潮湿环境的木材，可增加其防腐、防潮的能力。

（2）装饰性

透明涂饰可提高光泽度，使光滑感增强；由于清漆本身都不同程度地带有颜色，涂在木材表面会使木材颜色变深；可增强木材纹理的对比度，使纹理线条更清晰，更具动感和美感。

（3）耐候（用）性

对于普遍用于家具建材的木材而言，表面涂饰处理大大延长了木材的使用寿命。涂料在木材表面形成封闭性较好的涂层，抑制端部水分的挥发速度，有效抑制木材产生端裂从而防止变形；涂层减少了紫外线辐射对木材色泽的影响，延缓了颜色变化；特殊成分的涂料在一定程度上增加了木材的表层阻燃性。

（4）特殊作用

由于涂饰使得木材颜色、光泽、纹理发生变化，人的心理感觉会随着木材表面视觉特性发生改变。色彩的距离感、胀缩感、温寒感、轻重感、软硬感都对人的心理活动具有调节作用，可影响人的心情。

3.1.2　植物油蜡涂料基础知识

植物油蜡涂料是一种类似油漆而又有别于油漆的自然木器涂料，它和目前各种基于石化类树脂所合成的油漆完全不同，原料主要以成膜物质、辅助溶剂及着色材料3种成分组成。成膜物质即精炼亚麻油、大豆油、桐油等天然植物油，并配合动植物蜡使涂料固着在木材表面而形成油膜。辅助溶剂有稀释剂、助溶剂、催干剂、增塑剂、固化剂等。不含有着色材料的涂料为透明涂料，也称清油（漆）；添加着色材料的涂料为不透明涂料，又称色油（漆）（或磁漆、厚漆）；加有大量体质颜料的涂料为腻子。

常见木器涂料是以高分子合成树脂（如醇酸树脂、聚氨酯、丙烯酸等）为基料，采用甲苯、二甲苯等溶剂配制而成；植物油蜡涂料（木蜡油）是以天然植物油和动植物蜡为主要原料配制而成的，调色则用氧化铁等颜料，基本不含三苯、甲醛以及重金属等有毒有害成分，其挥发性有机化合物含量较低。与油漆相比，植物油蜡涂料不含有甲醛以及重金属等有毒成分（见表3-1），没有刺鼻的气味，可替代油漆用于家庭装修以及室外花园木器涂饰。油漆为黏稠油性颜料，未干情况下易燃，不溶于水，微溶于脂肪，可溶于醇、醛、醚、烷，易溶于汽油、煤油、柴油。油漆的成分是树脂和水性溶剂，植物油蜡则集合了多种天然油/蜡的优点。表3-1列出了几种涂料有害成分的实际检测值，可见木蜡油具有明显环保特性，使用更安全。因此植物油蜡是目前木材加工行业较为青睐的环保涂料（黄艳辉等，2019），图3-3为市场上常见的成品木蜡油以及木器油漆。

表 3-1　涂料有害成分检测

检测项目		检测值				
		聚氨酯类		硝基类	醇酸类	木蜡油
		面漆	底漆			
挥发性有机化合物/(g/L)		580～670	670	720	500	300
苯/%		0.3	0.3	0.3	0.3	
甲苯、二甲苯、乙苯总和/%		30	30	30	5	
游离甲苯二异氰酸酯/%		0.4	0.4			
甲醇/%				0.3		
卤代烃/%		0.1	0.1	0.1	0.1	
重金属(限色漆)/(mg/kg)	可溶性铅	90	90	90	90	
	可溶性镉	75	75	75	75	
	可溶性铬	60	60	60	60	
	可溶性汞	60	60	60	60	

图 3-3　市场上常见的成品木蜡油以及木器油漆

3.1.3　植物油蜡涂料配制工艺

植物油蜡涂料主要成分为天然植物油和动植物蜡。天然生物原料与木材相容性好，对木材有良好的渗透性，能与木材紧密结合，并呈膜状附于木材的表面，使木材独特、自然的纹理能够更好地展现，达到开放和半开放式的涂饰效果。

配方中选用的植物油包括亚麻籽油、葵花籽油、大豆油、蓖麻油等。植物油对木材的渗透性好，能够渗入木材管孔内部。木蜡油成分中多数植物油的不饱和脂肪酸含量均较多，具有良好的成膜性，并有利于缩短干燥时间。配方中的动植物蜡包括巴西棕榈蜡、小烛树蜡、蜂蜡等。蜡质本身具有一定的拒水性，通过有效渗透进入胞壁管孔内部，能够减小木材内羟基的吸湿和解吸能力，提高木材的疏水性。

此外，植物油蜡配方中还会添加达玛树脂、松节油、松香等化工原料，以及一些功能助剂和表面活性剂，以达到提高油蜡涂料的硬度和稳定性，调节的光泽度、黏度，缩短干燥时间等目的，从而得到更优的涂饰效果。某些配制方案中会加入着色剂，满足对木材色彩装饰的需求。

为了将这些成分均匀地融合为一体，需要进行预聚处理。将配制植物油蜡需要的主剂与助剂按照特定比例放入指定容器中并加热至120～130℃，脱除其中的水分；然后将处理完的混合物放入反应釜中，通入氮气将空气排空，在反应釜的密闭空间里恒温搅拌，反应温度为240～280℃，反应时间5h；当反应结束后，得到预聚产物。通过检测预聚产物的成膜性能、热稳定性、耐水性等性质来判断油蜡混合涂料是否达到标准（李士兵等，2012）。

预聚反应的时间与温度以及各成分之间的比例对植物油蜡的物理化学性质有一定的影响：

① 由于达玛树脂的熔点较高，常温常压下120℃以上才开始溶解，逐渐升高温度，当温度超过150℃后，预聚物色泽逐渐变暗，液体的黏稠度增加。

② 蜂蜡与棕榈蜡的比例会影响预聚物的抗酸碱性和硬度，通常二者配比为3∶1。

③ 松节油、无水乙醇等稀释剂会影响植物油蜡的稳定性。

④ 可选择性地加入适量催干剂，以加快植物油蜡涂饰后的干燥时间。

配制得到的植物油蜡涂料，需要对其表干时间、黏度、涂饰性能、耐磨性等指标进行测试评价，以达到工艺标准。

3.1.4　植物油蜡涂饰工艺要点

　　植物油蜡与木材的结合主要靠液体-多孔介质间的渗透作用，其中油的成分能够渗透到木材内部，蜡的成分与木材纤维牢固结合，并阻止液态水渗入木材里。木材基材的含水率以8%～12%为宜，且水分分布均匀，含水率过高会影响油脂成分的渗透。由于不产生连续涂膜，可实现一定意义上的木材自由"呼吸"，从而减少由于木材胀缩对漆膜性能的影响，提高木材的稳定性；良好的透气性还能使木材内部的一些芳香物质得以通过气孔缓慢释放，营造出一种自然清新的室内环境。由于植物油渗透性较强，而组分中的蜡具有起霜效果，从而可降低光泽度，是一种很好的消光剂，因此涂饰表面以哑光（半哑光或全哑光）为主，呈开放式纹理效果，可呈现清油、清油调色和混油调色等多种装饰效果。

　　植物油蜡涂饰过程主要包括基材处理和刷涂工序，见图3-4（易熙琼等，2013）。

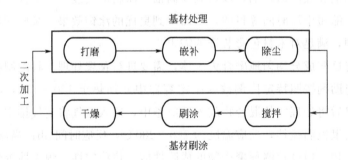

图 3-4　植物油蜡涂饰工序（易熙琼等，2013）

　　① 基材处理：基材表面处理包括打磨、嵌补、除尘等工序。木材表面往往有天然缺陷，如木节、虫眼、腐朽等，会影响涂饰质量，选材时需要尽量避免。即使没有这些缺陷，在木材加工过程中也可能会在材料表面留下刨削切痕、机械压痕等，通过砂光与研磨的手段使基材表面光洁。植物油蜡涂饰对基材表面粗糙度的要求较高，因此，通常需要至少两次砂光（100～200#砂纸砂光一次，300～600#砂纸砂光一次），以避免表面毛刺引起涂饰不均等缺陷。对于那些微小的天然缺陷部分，可用同种木料填充，或用腻子粉填充抹平，随后使用毛刷与干棉布对基材表面进行清洁，去除油污与粉尘。

　　② 基材刷涂：配制的植物油蜡，因为有蜡的存在而呈现乳脂状，需要先行搅拌（辅助加热）直至无沉淀物，否则会导致刷涂不均匀。实践表明，环境

温度 14～24℃时，蜡在植物油蜡涂料中的分散状态最佳，黏度也相对较高和稳定。在刷涂前与刷涂过程中，需以 300～500r/min 的速度，不间断地对植物油蜡进行搅拌，防止因静置时间过长产生分层，导致前后刷涂的黏度不一致，影响最终的施工质量。使用软毛刷顺着木材纹理方向均匀地刷涂，静置数分钟待其略微干燥后，用干净的棉布擦去表面多余的油蜡，避免蜡在表面堆积，影响涂饰效果。

自然干燥是最简单的油蜡涂层干燥手段，在室温 20℃左右且通风良好的环境内，一般干燥时间为 18～36h；常规热风干燥的干燥速度较快，但涂层表面结膜会使下层溶剂气化后难以逸出，造成外层气孔、裂纹等缺陷；红外辐射干燥可以同时加热涂层的表面及下部，干燥速度比自然干燥速度快，远红外线对涂层穿透力强，加热效率比红外线高，但如照射距离不同，可引起涂饰工件加热不均；紫外线干燥通常只需数十秒到数分钟，仅适用于光敏涂料。

涂饰后检查木材表面，若未达到理想效果，可重复施工，只需清洁木材表面后，按工艺再进行二次刷涂。第二遍植物油蜡涂料的刷涂量相对较少，主要为局部的平整和修复，局部在第一遍打磨后会有少许泛白，经过二遍打磨就会变得较为完美。打磨完成后进行细微抛光，用软布去除表面的灰尘，并再次检查木材表面是否存在明显的砂痕和细小毛刺，确保达到施工质量要求。市场售卖的某些成品木蜡油固体含量较高，一些户外专用木蜡油的固体含量甚至高达 80% 以上，所以一般只需涂一层即可达到理想的涂饰效果。

木材的涂饰性因树种而异，具体的制约因子有解剖构造、纹理、色泽、含水率、内含物等。如某些松木、杉木等针叶材纹理不美观，生长轮结构特殊，影响表面平整性，不宜用透明涂饰；核桃木、花梨木等阔叶材则宜用透明涂饰，以充分显现其优美花纹。对管孔较粗的泡桐、水曲柳等用柔光或无光工艺可取得较好的装饰效果。某些树种的木材还需经过处理以改善其涂饰性，如含松脂的针叶材表面应以碱液清洗去脂；含单宁酚基物质的阔叶材常在其表面先涂一层封闭底漆，使木材表面与涂层隔开；色调深浅不均的木材须先脱色等（段新芳、李坚，1996）。

在植物油蜡涂饰木材或木制品过程中需要注意如下几点：

① 从基材角度考虑，实木应尽量选用清油或清油调色，以展现自然纹理。除了结合基材品质以外，还应结合造型和色彩的需要，综合考虑选择涂装方案。

② 植物油蜡的黏度是影响其施工质量的重要参数。控制适当的环境温度与搅拌速度是保证植物油蜡涂料黏度稳定的关键因素。

③ 涂饰施工过程中通过使用砂纸、砂光机、棉布等，保证木材表面的光滑度与洁净度，避免对施工质量产生影响。

3.1.5 案例分析

在配制植物油蜡涂料以及木材涂饰方面，国内外许多学者已经做过探索研究。战剑锋等（2021）采用亚麻油和桐油为主剂，与蜂蜡、棕榈蜡及松节油通过预聚处理复合配制植物油蜡，探讨了原料配方对植物油蜡涂料黏度、干燥时间、涂饰效果等的影响。为了讨论制备木蜡油的最佳配方，以加入 2% 植物蜡为参照方案进行正交试验，使用 4 因素 3 水平的 $L9(3^4)$ 正交试验方案，综合分析预聚温度、桐油/亚麻油比例、蜂蜡/棕榈蜡比例、松节油比例等因素对成品性能的影响，见表 3-2 和表 3-3。

表 3-2　正交试验黏度直观分析（战剑锋等，2021）

试验编号	预聚温度/℃	植物油比例	植物蜡比例	松节油比例/%	黏度/s
1	210	3∶1	3∶1	8	60.5
2	210	1∶1	1∶1	28	16.35
3	210	1∶3	1∶3	48	13.3
4	170	3∶1	1∶3	48	13.3
5	170	1∶1	1∶3	8	45.33
6	170	1∶3	3∶1	28	16.7
7	130	3∶1	1∶3	28	16.9
8	130	1∶1	3∶1	48	13.8
9	130	1∶3	1∶1	8	39.37
黏度均值 1	30.05	30.23	30.33	48.40	
黏度均值 2	25.11	25.16	23.01	16.65	
黏度均值 3	23.36	23.12	25.18	13.47	
极差	6.69	7.11	7.33	34.93	

表 3-3　正交试验表干时间直观分析（战剑锋等，2021）

试验编号	预聚温度/℃	桐油/亚麻油比例	蜂蜡/棕榈蜡比例	松节油比例/%	表干时间/h
1	210	1∶3	3∶1	8	21
2	210	1∶1	1∶1	28	20
3	210	3∶1	1∶3	48	12.5
4	170	1∶3	1∶1	48	6

续表

试验编号	预聚温度/℃	桐油/亚麻油比例	蜂蜡/棕榈蜡比例	松节油比例/%	表干时间/h
5	170	1∶1	1∶3	8	28
6	170	3∶1	3∶1	28	24
7	130	1∶3	1∶3	28	13
8	130	1∶1	3∶1	48	8.5
9	130	3∶1	1∶1	8	35
黏度均值1	17.83	13.33	17.83	28.00	
黏度均值2	19.33	18.83	20.33	19.00	
黏度均值3	18.83	23.83	17.83	9.00	

结果表明，松节油的加入量对木蜡油的黏度有显著影响，木蜡油配方中预聚温度、植物油比例、植物蜡比例对木蜡油黏度影响不显著。桐油/亚麻油的比例对干燥时间有一定影响，提高桐油的含量可缩短木蜡油的干燥时间。配制室内家具用木蜡油时需减少桐油的比例，以降低对人体健康的影响；户外用木蜡油可以使用桐油进行配制，以缩短干燥时间、提高施工效率。

该项研究采用 CIE $L^*a^*b^*$ 色度学表色体系分析涂饰前后木材色度学指标。研究显示，达玛树脂的增加还提高了木蜡油涂饰臭冷杉木材表面颜色的饱和度，木蜡油涂饰前后木材颜色总体色差提高，颜色偏向暖色区，提升了木蜡油涂饰的视觉效果，如图 3-5 所示。

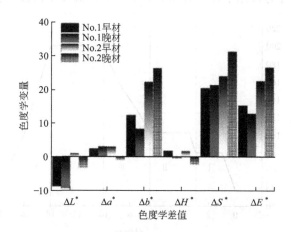

图 3-5 木蜡油的涂饰表面色度学差值（达玛树脂加入量）

战剑锋等，2021

3.2 基于高温热处理与表面油蜡渗透的针叶材材色色差调节与美化处理

在中国的北方地区分布着大量的人工林针叶树材，如落叶松、樟子松、云杉、冷杉等。这些针叶树种木材成为建筑房屋、装饰家居所广泛使用的原材料。合理应用干燥及高温热处理技术，可使这类木质建筑材料具有较高的尺寸稳定性及耐腐蚀性，但同时木材会受处理工艺的影响而产生较为明显的色差变化。采用植物油蜡涂料对木材进行涂饰、浸润处理，同样可以获得色彩饱和度较好、光泽度较高的材料，甚至可以改变木材的表面颜色（刘一星等，1995）。若将上述两种不同的处理工艺合理组合，热处理过程中木材成分的降解与植物油蜡分子的渗透作用相结合，则可能调节木材色差，达到美化处理的效果（陈宏伟、宋魁彦，2021）。

3.2.1 高温热处理-植物油蜡涂饰组合处理技术概述

高温热处理-植物油蜡涂饰组合处理，即使用调配的植物油蜡或成品木蜡油对高温热处理后的木材进行涂饰的处理过程。高温热处理参考芬兰 Thermo Wood® 工艺规程，在 160～220℃ 常压过热蒸汽环境下对木材原料进行加热处理（战剑锋等，2018）。

热处理主要分为预热干燥、升温、热处理和降温 4 个阶段（如图 3-6）。

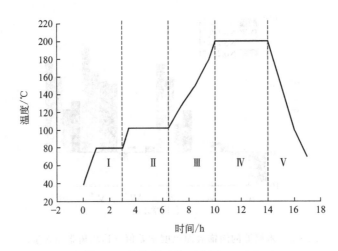

图 3-6　热处理工艺（史蔷，2011）

① 预热干燥阶段：从室温开始以 20℃/h 升温至 60℃ 保持 2h（为了使木材内外部温度一致），然后继续以 20℃/h 升温速率升温至 103℃ 并保持 2h，随后升温至 120℃，整个过程以热空气为介质。

② 升温阶段：以 20℃/h 升温速率升温至设定的目标温度，当热处理设备中温度达到 120℃ 时打开蒸汽发生器，间歇性通入水蒸气（每 30min 通入 5～10min），以保护木材。

③ 热处理阶段：待设备内温度到达设定的目标温度时保持相应的时间，整个热处理过程中需要间歇性通入水蒸气。

④ 降温阶段：待热处理完成后停止加热，在加热设备内温度高于 120℃ 时仍需通入水蒸气。当环境温度降至 80℃ 时，待设备内木材自然冷却后降至室温，取出密封保存。

在高温热处理过程中木材主要组分发生降解，生成乙酸、甲酸、少量的酚类化合物、芳香族化合物、一氧化碳与二氧化碳等。经过该类工艺处理后，木材原料的颜色呈褐色至深褐色。将热处理后的木材表面用砂纸或砂光机打磨平整，使用调配的植物油蜡涂料进行多次涂刷；也可使用市面上售卖的成品木蜡油，按照产品施工规程要求，分底油和面油对木材分别进行涂饰处理。

3.2.2　高温热处理与表面油蜡渗透针叶材的材色特性分析

在探究木材的材色变化时，一般使用国际照明委员会推荐的 CIE(1976)L^* a^*b^* 色空间（图 3-7）标准色度系统来评价木材的色度学指标（Meints，2017），其中 L^* 代表明度值变化，变化范围为 0～100，当 L^* 为 0 时表示黑色，为 100 时表示白色；a^* 代表红绿色品指数，数值范围均为 −128～127，数值越大表示颜色越趋近红色，反之越趋近绿色；b^* 表示黄蓝色品指数，数值范围在 −128～127，值越大越趋近黄色，反之则趋近蓝色。色度学参数的变化 ΔL^*、Δa^*、Δb^* 分别代表色度学指标的差值。最后，根据欧几里得距离公式，得到整体色差 ΔE^*，计算公式如下：

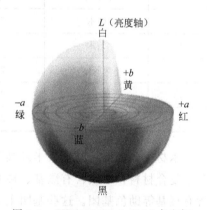

图 3-7　CIE(1976)$L^*a^*b^*$ 色空间

$$\Delta E^* = \sqrt{\Delta L^* + \Delta a^* + \Delta b^*}$$

$L^*a^*b^*$ 色空间是木材科学工作者研究木材材色大多采用的颜色空间，其原因在于 $L^*a^*b^*$ 色空间的等距性和色差高分辨力对于比较不同树种木材试件之间或相同试件加工处理前后的差异很方便，所以该色度系统以测量结果的直观性以及符合人体视觉特性的优点在木材材料科学研究中广泛应用。在我国常见的不同树种间，木材色彩特征不尽相同，如表 3-4 所示，可见大部分树种在自然生长过程中都呈现一种淡黄与微红的木质特色。

3-4 我国不同树种木材颜色指标平均差异（均为试验采集）

序号	树种	$L^*a^*b^*$ 色空间		
		L^*	a^*	b^*
1	桉木	79.79	7.44	21.52
2	阔叶黄檀	34.40	6.67	5.85
3	毛泡桐	69.96	5.21	18.80
4	火力楠木	74.20	4.70	24.10
5	黑木相思木	62.10	16.20	19.95
6	落叶松	73.25	6.72	23.05
7	红松	65.16	8.25	29.18
8	白蜡木	76.59	7.22	25.97
9	白橡木	67.04	6.82	26.04
10	刺槐木	65.54	8.92	20.23
11	白桦木	77.10	6.71	17.16
12	柚木	54.11	8.33	20.30
13	杨木	72.62	8.15	14.10
14	橡胶木	73.07	8.24	21.73
15	臭冷杉	65.09	3.24	17.30
16	水曲柳	65.56	0.56	18.53

木材主要是由纤维素、半纤维素和木质素以及少量抽提物组成的复杂天然高分子复合材料，不仅含有羰基、羧基、不饱和双键以及共轭体发色基团，而且还含有羟基等助色基团。这些基团主要存在于木质素结构中，以及少量黄酮、酚和芪类结构中。在热处理过程中，随着热处理温度的升高和处理时间的延长，纤维素和半纤维素多糖类物质降解，生成更多的羰基和羧基，木质素相对含量的增加以及木质素氧化反应等变化最终导致木材颜色逐步向褐色至深褐色变化（江京辉、吕建雄，2012）。以热处理樟子松（*Pinus sylvestris var. mongolica Litv*）木材为例，利用饱和水蒸气排出热处理箱内的氧气，在高温热空气处理木材时，

使氧气浓度小于 2%。当高温热处理时间恒定，处理温度为 180℃、200℃、220℃和230℃时，L^* 值分别下降了 6.87、15.82、24.73 和 30.34；当高温热处理温度恒定，热处理时间为 1h、2h 和 3h 时，L^* 值分别下降了 13、21.06 和 24.26。a^* 值和 b^* 值也有一定程度的降低，且二者的变化趋势接近（刘星雨，2010）。

　　除了木材热处理强度不同而产生的明显色差外，树木在生长过程中心材、边材之间、早材、晚材之间也存在着明显的颜色差异。以兴安落叶松（*Larix gmelinii*）为例，整体的 L^* 指标在 70～75 之间，边材的明度值比心材略高一些，而边材的红绿色品指数要小于心材，心材整体显示出更暗更红的颜色观感，这也使得肉眼在辨别落叶松树种时，能够清晰地区分出边材和心材二者的差异。同样，由于落叶松晚材材质较硬，细胞壁物质含量多，密实程度大；早材质地轻软，细胞壁物质含量较少，晚材一般会比早材显现出更暗的色彩。早材的 L^* 指标要明显高于晚材，而早材的 a^* 与 b^* 指标要低于晚材。在热处理过程中，落叶松心/边材的明度值指标均会逐渐降低，这是由于颜色明度值降低与其成分的化学降解变化呈显著相关，而心材和边材的化学组成并无差异。黄蓝色品指数一般呈现出减小的趋势，红绿色品指数会在 200℃ 的处理温度后迅速下降（严明汉，2021）。在 220℃ 以上的处理温度下，落叶松炭化明显，几乎分辨不出木材本身的颜色。

　　史蔷（2011）分析了圆盘豆的心/边材在不同热处理条件下的材色指标变化（图3-8）。热处理会使圆盘豆心材的颜色由金黄色向黄褐色至棕褐色乃至黑色变化，边材由浅粉色至浅咖啡色至深咖啡色乃至黑色变化。但热处理材颜色仍然具有光泽，并且整体颜色更加均匀一致，通体一色。

　　针对热处理导致的色彩差异问题，有学者将高温热处理与植物油蜡处理相结合，寻求一种调节针叶材色差的可行性方案（张镜元等，2020）。在对热处理后的落叶松进行植物油蜡涂饰处理时，由于落叶松木材细胞内水分子大量蒸发，植物油大分子会以渗透的形式进入木材的孔隙中，而蜡使得木材表面形成一层薄而软的膜，可以增加光线的折射，从而产生不同的色彩变化。从涂饰效果来看，明度值有 5%～15% 的小幅下降，即木材表面略有变暗；红绿色品指数上升范围在 26%～48%；黄蓝色品指数上升范围在 26%～50% 之间，表面颜色明显趋向于红色与黄色。调配的植物油蜡与商用成品木蜡油在成分上大体相同，表面颜色变化趋势较为相近。除了颜色的明显变化，植物油蜡渗透作用能够使木材表面光泽度提升，同时保持了木材天然纹理对光线漫反射所形成的哑光及半哑光效果，从而达到一种更加自然的装饰效果（陈宏伟、宋魁彦，2021）。

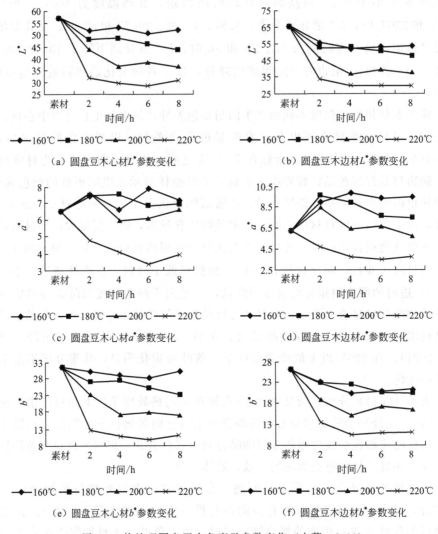

图 3-8　热处理圆盘豆木色度学参数变化（史蓄，2011）

3.2.3　针叶材的色差调节与优化（基于高温热处理-植物油蜡涂饰组合处理技术）

在木材热处理过程中，三大组分和抽提物的成分和含量均发生了显著变化，改变了木材的化学性质，加深了木材的颜色。在热处理过程中，纤维素和半纤维素发生热裂解反应，导致其含量降低，纤维素和半纤维素中大量的羟基被氧化成羧基和羰基，使木材的颜色变深。同时木质素相对含量的增加以及发生的氧化反应，也会导致木材变色或颜色加深（顾炼百，2019）。

使用植物油蜡对热处理后木材进行涂饰处理，有一部分植物油脂分子通过渗透作用进入木材细胞内部，填充在木材空隙中。陈宏伟（2021）在对水曲柳进行木蜡油涂饰的研究中已经证实，处理材表面结构被完全覆盖，看不到任何木材结构［图 3-9(a)］，可知木蜡油完全附着在水曲柳木材表面，填满木材表面空隙；从图 3-9(b) 可看出水曲柳的木射线管胞断口明显，且内壁较为光滑，而经木蜡油涂饰后木射线内壁较为粗糙，并且可见明显的木蜡油沉积，说明木蜡油通过木

（a）水曲柳未处理材（左）与处理材（右）表面对比

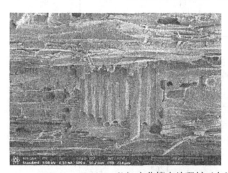

（b）水曲柳未处理材（左）与处理材（右）木射线对比

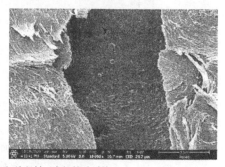

（c）水曲柳未处理材（左）与处理材（右）纹孔对比

图 3-9　水曲柳木材木蜡油表面涂饰前后的微观构造变化情况（陈宏伟，2021）

射线进入了木材内部；从图 3-9（c）中可发现细胞中的纹孔清晰可见，但是涂饰后的纹孔已被填塞，且周边的细胞壁被一定厚度的木蜡油覆盖，并夹杂着细小的颗粒状物质，可能是木蜡油中的蜡进入了木材中，这说明木蜡油可通过纹孔向木材内部渗透。

为了探讨植物油蜡组分化学结构以及复合/混合物构成，一般通过傅里叶红外光谱来分析。使用与分子中官能团的振动键能量相关的特定频率吸收红外光，形成光谱带的特征图，即分子的振动光谱。图 3-10 展示了两种以亚麻籽油为主

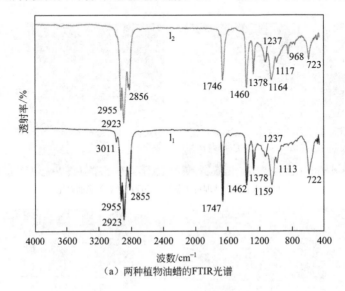

（a）两种植物油蜡的FTIR光谱

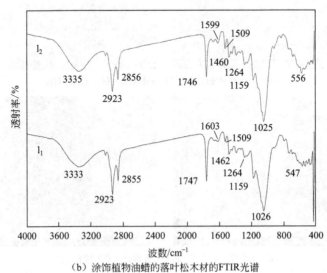

（b）涂饰植物油蜡的落叶松木材的FTIR光谱

图 3-10　植物油蜡与植物油蜡处理木材的傅里叶红外光谱

剂的植物油蜡的 FTIR 光谱图，以及涂饰了两种植物油蜡的木材（兴安落叶松）的 FTIR 光谱。其中 l_1 主要成分为亚麻籽油、小烛树蜡、橙油、迷迭香油、无铅型干燥助剂；l_2 由亚麻籽油、厚油（熟油）、天然树脂、铁氧化物、二氧化钛、甘油酯、小烛树蜡、橙油、松油、迷迭香油、硅酸、微粒化蜡、脱氧氨基糖、铅型干燥助剂组成。

红外光谱中每个明显的吸收峰值对应的官能团信息列于表 3-5 中。对比两种不同组成成分植物油蜡的红外光谱，可以发现红外光谱中最强烈的信号是位于 $2855 \sim 2955 \mathrm{cm}^{-1}$ 之间的吸收波段，来自 C—H 键的拉伸振动，羰基在 $1747 \mathrm{cm}^{-1}$ 处的振动带与其他吸收带相比也有很高的强度。这是酯 FTIR 光谱的特征频带。$722 \mathrm{cm}^{-1}$、$723 \mathrm{cm}^{-1}$ 处 C—H(CH) 的平面外变形振动和 $3011 \mathrm{cm}^{-1}$ 处的碳-碳双键的 C—H 伸缩振动，归因于植物油内部的生色基团，即氧化甘油三酯。此外，指纹区的 $1237 \mathrm{cm}^{-1}$、$1159 \mathrm{cm}^{-1}$、$1113 \mathrm{cm}^{-1}$ 处的吸收峰代表 C—O—C 中的 C—O 伸缩振动基团，属于植物油蜡成分中的助色基团。一旦与木材接触并进一步渗透到细胞壁中，这些生色基团和助色基团就会与木质素中的碳水化合物和树脂中的萜烯结合，形成特定的化学结构，有利于木材色彩的重塑。

分析图 3-10(b) 可以发现，$3333 \mathrm{cm}^{-1}$ 处为羟基—OH 的吸收峰。在高温作用下，木材内的纤维素分子链间的每对游离羟基脱除 1 分子的水，形成醚键，使纤维素非结晶区和半纤维素的游离羟基数量显著减少，热处理材含水率下降，吸水性降低。$2923 \mathrm{cm}^{-1}$ 处是脂肪族 C—H 伸缩振动峰。$1747 \mathrm{cm}^{-1}$ 处的乙酰基和羰基上的羰基（C=O）伸缩振动峰也较为强烈。在热处理过程中，随着木材易降解物质的分解，难分解的纤维素所占比例相应上升，纤维素发生了乙酰化，羰基数量略有增加。对比图 3-10（a）和（b），在 $2923 \mathrm{cm}^{-1}$、$2855 \mathrm{cm}^{-1}$、$1747 \mathrm{cm}^{-1}$ 处都出现了相同的特征峰，说明亚麻籽油脂分子渗入木材内部，且与木材结构紧密结合，其中的生色基团使木材表面呈现出较为饱和的视觉效果（高建民，2004）。

表 3-5 两种植物油蜡 FTIR 特征峰值（张镜元等，2020）

吸收峰值/cm⁻¹		对应化学结构信息
200℃	室温	
3011	—	C=C—H 中的 C—H 伸缩
2955	2955	C—H 伸缩
2923	2923	C—H 伸缩
2855	2856	C—H 伸缩
1747	1746	C=O 伸缩

吸收峰值/cm⁻¹		对应化学结构信息
200℃	室温	
1462	1460	甲基中 C—H 变形
1378	1378	甲基中 C—H 变形
1237	1237	酯类 C—O—C 中的 C—O 伸缩
1159	1164	酯类 C—O—C 中的 C—O 伸缩
1113	1117	酯类 C—O—C 中的 C—O 伸缩
2955	2955	C—H 伸缩
2923	2923	C—H 伸缩
2855	2856	C—H 伸缩
—	968	CH=CH 中的 C—H 摇摆共轭 cis-9、$trans$-11、$trans$-13
722	723	CH₂ 变形,C—H(=CH)平面外变形

3.2.4 研究案例启示

案例一：张镜元等（2020）基于计算机图像色度学原理，采用"K-means"聚类分析算法，在 $L^*a^*b^*$ 色空间下，对热改性-植物油蜡涂饰落叶松早材/晚材组织的色度学指标进行独立测试、计算和分析，为热改性落叶松植物油蜡透明涂饰研究与应用提供参考。选取兴安落叶松（$Larix\ gmelinii$）为试验材料，采用芬兰 Thermo Wood® 热改性工艺，以常压过热蒸汽为加热保护介质，在温度为 160℃、180℃和 200℃条件下对木材进行热改性处理。

选用了两种成品植物油蜡（底油：livos-261；面油：livos-244-002）。设定两种涂饰方案，植物油蜡底油（N1）、植物油蜡底油＋面油（N2），对落叶松热改性材及常规干燥材分别进行两种方案的透明涂饰处理。

分析涂饰表面色度学指标（图 3-11），得到高温热改性-植物油蜡透明涂饰对落叶松早材/晚材组织色度学特性的影响规律。木材色度学测试计算显示，以落叶松常规干燥材为参考对象，各类试材经过高温热改性-植物油蜡透明涂饰后，其早材与晚材组织的明度指标 L^* 呈阶段式降低趋势，红绿品指数 a^*、饱和度 S^* 呈阶段式上升趋势；早晚材总体色差 ΔE^* 随热处理温度升高而增大，而植物油蜡透明涂饰则导致 ΔE^* 降低；在 N2 透明涂饰处理方案下，180℃热改性木材早晚材饱和度差 ΔS^* 较常规室干材提高 60.8%，而相应的总体色差则保持不

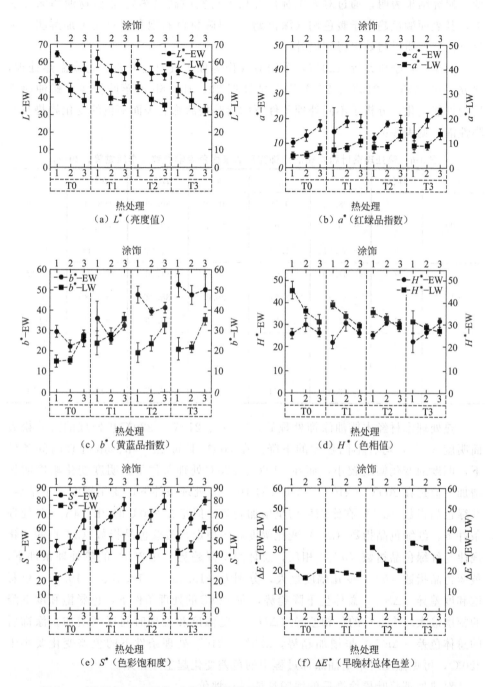

图 3-11　热处理-表面涂饰对落叶松早材和晚材色度学的影响（张镜元等，2020）

EW—早材组织；LW—晚材组织

变。研究结果表明，通过对人工林落叶松木材实施高温热处理-植物油蜡涂饰加工，其表面颜色趋向于暖色调（深色调），早晚材色彩饱和度对比更加鲜明，木材整体装饰质量与效果得到提升。

案例二：李凤龙等（2017）采用氮气作为保护气对落叶松进行高温热处理，研究了在200℃、210℃、220℃下分别处理2h、4h、6h的落叶松经木蜡油涂饰后的性能变化，分析了不同处理条件下的落叶松涂饰后表面颜色的变化趋势及漆膜性能，见表3-6。

表3-6　热处理落叶松木蜡油涂饰前后的表面色度学参数（李凤龙等，2017）

温度/℃	时间/h	ΔL^*	Δa^*	Δb^*	ΔE^*	ΔS^*	ΔH^*
	2	−28.93	0.75	−10.22	30.69	−8.89	4.09
200	4	−30.37	5.04	−13.42	33.58	−9.26	5.10
	6	−30.51	1.54	−6.39	31.21	−5.14	10.94
	2	−31.40	2.93	−3.73	31.76	−2.27	4.17
210	4	−32.79	2.57	−20.65	38.84	−16.80	6.43
	6	−34.26	2.95	−8.94	35.53	−6.88	12.28
	2	−37.58	0.95	−15.43	40.64	−13.48	7.58
220	4	−41.02	1.90	−14.67	43.61	−12.33	8.18
	6	−43.39	0.74	−19.67	47.65	−17.12	9.71

热处理木材经木蜡油涂饰处理后，200℃、210℃、220℃热处理的落叶松表面明度（L^*）均有不同程度的下降。在200℃下的2h、4h、6h处理时间条件下，明度的变化幅度较小，而在210℃、220℃处理条件下，明度变化幅度明显增加。但是在200℃、210℃、220℃的4h、6h处理条件下，变化幅度趋于平缓。红绿色品指数（a^*）在涂饰后均呈增加趋势，但是在210℃的2h、4h、6h处理条件下，红绿色品指数（a^*）变化幅度趋于稳定。黄蓝色品指数（b^*）的变化规律与红绿色品指数（a^*）相反，总体呈下降趋势。在220℃的热处理条件下，黄蓝色品指数（b^*）变化幅度最大，分别为−15.43、−14.67、−19.67。色彩饱和度差异（ΔS^*）总体呈下降趋势，在220℃的处理条件下，色彩饱和度下降的幅度最大。涂饰后的色相差异（ΔH^*）随温度和处理时间逐渐增加。涂饰后的总体色差（ΔE^*）呈增加趋势，200℃、210℃处理条件下的色差变化要小于220℃，可见温度对木蜡油涂饰过程中的色差变化起主导作用。

对热处理落叶松涂饰后的漆膜性能进行评价。

① 表面耐干热：热处理后的落叶松分别在60℃、70℃和80℃条件下静置烘干30min，木蜡油形成的漆膜表面未出现显著变化，漆膜耐干热性能达到国家标

准（GB/T 4893.3—2005）评定等级的一级。

② 表面耐湿热：热处理后的落叶松分别在60℃、70℃和80℃，湿度80％条件下静置处理30min，木蜡油形成的漆膜表面无明显翘曲开裂现象，耐湿热性能达到国家标准（GB/T 4893.2—2005）评定等级的一级。

③ 漆膜附着力：木蜡油涂饰后的热处理落叶松表面漆膜附着力测试结果表明，表面漆膜割痕光滑，未出现剥落现象，表面漆膜附着力性能达到国家标准（GB/T 4893.4—2013）评定等级的一级。

④ 漆膜耐磨性：在砝码质量1000g，转数为1000r/min条件下，对木蜡油的漆膜性能进行测试，漆膜未露白，耐磨性能达到国家标准（GB/T 4893.8—2013）评定等级的一级。

⑤ 漆膜硬度：表面漆膜硬度测试结果表明，木蜡油的表面漆膜在HB铅笔下测定合格，达到国家标准（GB/T 6739—2006）。

由此可见，木蜡油涂饰热改性落叶松，不但对其颜色变化有显著影响，达到色彩美化效果，而且对木材还起到一定的保护作用，可增强木材的表面硬度与耐磨性能，增加低质人工林木材的使用寿命与应用范围。

3.3 基于均一化热处理-高温植物油蜡浸润技术的针叶材表面色差优化处理

在木材高温热处理的工艺中，油热处理在国外已经是比较成熟的工艺，木材油热处理技术大致可分为OHT工艺、双油热处理以及Royal工艺三类（陈金宇等，2020）。OHT(oil heat treatment)工艺通常在密闭容器中进行，使用传热性优异的油菜籽油、亚麻籽油或葵花籽油等作为介质，在180~260℃条件下处理木材；双油热处理是一种热冷槽法处理工艺，在常压下进行，包含热油浴和冷油浴两个阶段，将木材先后浸入110~200℃的热油和20~80℃的冷油中，通过热胀冷缩产生的局部真空促进油在木材孔隙中的渗透；Royal工艺是结合防腐剂浸渍和油热处理的复合处理工艺，先通过半空细胞法向木材中浸渍水载型防腐剂，之后在真空中用热油浸渍处理木材。

无论采用哪种工艺，其核心目标均为使高温植物油分子与木材紧密结合，同时达到对木材的高温改性与表面颜色优化。由于在国内油热工艺使用较少，故以高温热处理为基础，结合国外成熟的油热处理工艺，有学者提出了将木材进行高温植物油蜡浸润处理这一方法。将改性后的木材浸入高温状态下的植物油蜡混合溶液中，使植物油蜡分子自由运动到木材内部，同时可以在其表面形成一层油膜，以达到色差优化的作用。

3.3.1 木材色差特性与材色预分类

我们生活中常见的大部分树种,其心材与边材区域分明,见图 3-12 和图 3-13。以东北地区的红松、兴安落叶松、春榆、水曲柳等树种为例,边材率与心材率各不相同(王兴昌,2008)。各树种心材和边材特征存在着显著差异,并主要取决于生长状况、水分利用等方面的差异。心材色泽深,薄壁细胞死亡,防腐力强以及具有侵填体;边材材色较浅,水分较多,容易蛀虫、腐朽。在已有的研究中发现,木材的色彩与其密度有较大的相关性,密度较高的木材比密度较低的同树种木材颜色更深(周凡等,2021)。而一般的树种,边材的密度普遍小于心材,这也同样证实了为什么心材比边材的颜色更深。对于温带和寒带树种而言,在一年的早期,或热带树木在雨季形成的木材,由于环境温度高、水分足,细胞分裂速度快,细胞壁薄,细胞腔形体较大,材质较松软,材色浅,形成早材区。温带和寒带的秋季或热带的旱季,树木的营养物质流动缓慢,形成层细胞的活动逐渐减弱,细胞分裂速度减慢并逐渐停止,形成的细胞腔小而壁厚,材色深,组织较致密,形成晚材区。由于这种早晚材的过渡带,在木材年轮截面上形成了明显的色差区域(刘光金,2021)。

图 3-12 人工林速生木材(摄于辽宁省抚顺市南杂木镇)

对于有上述生长特性的木材原料,热处理工艺的实施会放大或缩小这种颜色差异,这表现在热处理过程对颜色变异的不可控性。为了调控木材热处理中的颜色变异以及色差变化,产生了一种木材颜色预分类的方法,将不同初始颜色的木材按照预先设定的某一标准进行分类,以便后期处理过程中木材特性(如色度学指标、力学性能等)可以按照预期变化方向发展。以 Griebeler 等(2018)的研究为例,为降低桉木热处理后的色彩差异,提出了材色预分类方法,按照未处理桉木的颜色分成粉色组与黄色组,以此来探讨热处理后颜色变化的规律(如图 3-14所示)。

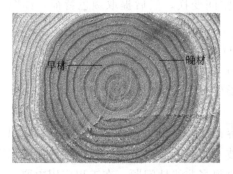

图 3-13　木材早晚材与心边材区分

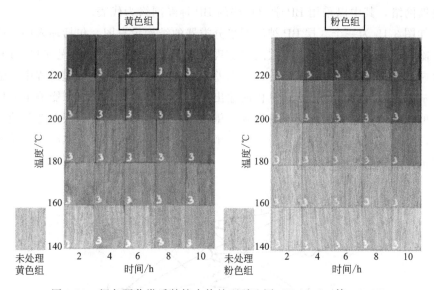

图 3-14　颜色预分类后的桉木热处理对比图（Griebeler 等，2018）

目前的木材分类大多需要依靠人工挑选来完成，但人工分类受操作人员主观因素、工作经验、劳动强度等因素的影响，很难适应产业的发展。为了有效提高木材颜色分类的自动化程度及分类的准确性，可以采用机器视觉技术对木材表面颜色分类方法展开研究。

国内学者庄子龙等（2020）通过使用 Python Opencv 软件对木材表面进行高斯滤波、滚动引导滤波以及特征提取等预处理操作，实现对木材图像的去背景化，并将图像的 RGB、Lab 数据的低阶矩作为颜色分类的特征，最后采用多层感知机（MLP）构建木材表面颜色分类器。

木材表面颜色分类的流程可以归纳为：

① 木材表面图像的预处理，包括对图片的增强、裁剪等；

② 对预处理后木材表面图像进行色空间变换，然后提取颜色特征，如图片的一阶矩、二阶矩；

③ 设计选择合适的分类器对木材进行分类。

如今使用较为广泛的分类器主要包括 BP 神经网络和 K-近邻（K-means）两种分类器，下面对二者进行简单介绍（杨少春，2008）。

（1）神经网络分类器

神经网络由其大规模并行处理，容错性、自组织和自适应能力以及联想记忆功能强等特点，已成为解决很多工程技术问题的有力工具。神经网络模式识别方法的一个重要特点是它能够有效地解决很多非线性问题，在工程应用中取得了成功。在各种人工神经网络模型中，在模式识别中应用最多也是最成功的当数多层前馈网络，其中以采用 BP 学习算法的 BP 神经网络为代表。

如图 3-15 为一个 3 层 BP 神经网络分类器的结构示意图，包括输入层、中间层（隐含层）和输出层。上下层之间实现全连接，而神经元之间无连接。BP 算法由两部分组成：信息的正向传递与误差的反向传播。在正向传递过程中，输入信息从输入层经隐含层逐层计算传向输出层，每一层神经元的状态影响下一层神经元的状态。如果在输出层没有得到期望输出，则计算输出层的误差变化值，然后反向传播，通过网络将误差信号沿原来的连接通路反传回来，修改各类神经元的权值以达到期望目标。

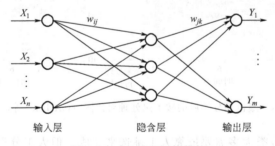

图 3-15　BP 神经网络结构

（2）K-近邻分类器（K-means）

K-近邻方法是一种基于统计的分类方法，也是模式识别领域中比较常用的一种方法。具体操作为：在 N 个已知样本中，找出样本 x 的 k 个近邻。设这 N 个样本中，来自 ω_1 类的样本有 N_1 个，来自 ω_2 的有 N_2 个，以此类推；若 k_1、k_2、$\cdots$、k_c 分别是 k 个近邻中属于 ω_1、ω_2、$\cdots$、ω_c 类的样本数，则定义判别函数为 $g_i(x)=k_i$，其中 $i=(1,2,\cdots,c)$。

K-近邻方法是最近邻方法的推广，由于考虑了多个已知样本与未知样本的距离关系，也就间接考虑了已知样本的分布情况，所以 K-近邻法比最近邻法具有明显优势。值的选择目前还没有完善的方法，一般根据实验数据确定。如张镜元等（2020）在植物油蜡涂饰落叶松的试验中，通过 K-means 将落叶松径切面试件分割成 3 个区域，区分出早晚材及过渡带，并分别探讨早晚材色彩的变化（图 3-16）。

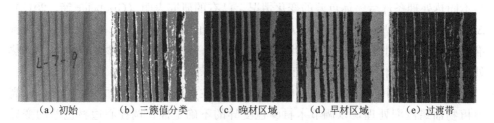

（a）初始　　（b）三簇值分类　　（c）晚材区域　　（d）早材区域　　（e）过渡带

图 3-16　基于 K-means 和 $L^*a^*b^*$ 色空间的落叶松样品颜色分类
（自张镜元等，2020）

按照这个方法，我们可以根据心材-边材、早材-晚材的明显色彩差异，将木材分成不同的类别组，并分别进行对应改性处理。这种颜色预分类方法是一种无损、快速、简便的木材分类处理技术，一般情况下通过颜色分类可以识别适合市场的木材。

3.3.2　木材色差均一化热处理技术工艺要点

现如今，工业生产中使用的热处理工艺一般不会考虑木材的初始颜色差异，而将原材料整体进行热改性加工，这就造成了材色变化的不可控性。若要人为地减小木材色差，需要对木材预分类处理后，将具有颜色差异的原材料分别进行相应的热改性处理。在以往的大量研究中，在相同热处理条件下，心材与边材的色彩变化规律是相似的，而色差值的变化却无规律可循。有学者提出了"木材均一化热处理"（homogenizing heat treatment）这一概念，即将不同初始颜色的木材分别进行不同强度的热处理，以达到色彩相近的效果。"均一化热处理"在2014 年被设定为金属加工工艺，是使金属材料性能均一化的处理方法，如今也可以特定的加工方法应用到木材加工领域。

由于木材的心材与边材区域区分较为明显，在加工过程中可以通过物理手段锯切成独立的部件单元，而早晚材区域是交错存在的，加工中不易分离，故木材的色彩均一性是针对木材心边材的差异，早晚材的色彩差异不适用这个方法。木材热处理颜色变异是木材色差均一化热处理的理论前提，根据树种的不同，其颜色变化的程度也略有不同。达到木材色彩均一化需要大量的试验基础，探究其表面颜色变化的范围以及适用的热处理条件，目的是将每个热处理温度与时间所对应的颜色指标一一对应，随后通过正交试验分析来确定木材色差最小所需心材和边材的热处理工艺条件。

色彩指标依然通过国际照明委员会 CIE(1976)$L^*a^*b^*$ 色空间进行评价，通过色差公式 $\Delta E^* = \sqrt{\Delta L^{*2} + \Delta a^{*2} + \Delta b^{*2}}$ 计算心材和边材分别经过相同热处理条件与不同热处理条件后整体色差的变化情况。已有的研究表明（Griebeler 等，2018），$\Delta E \leqslant 3$ 时的色彩差异可以定义为人体对木材色差的感知极限，所以以 $\Delta E = 3$ 为标准值，计算结果小于 3 的可视为均一化热处理组，此时得到的心材与边材各自的热处理条件即为使木材色差最小的工艺组合（郭飞等，2015）。

此外，结合植物油蜡对木材颜色的影响，在热处理之后增加一道工序，即高温植物油蜡浸润处理，以调节木材颜色变异的不确定性，调控心边材色差的变异范围，为均一化热处理提供了更多的选择。

综上所述，木材色差均一化热处理技术工艺流程可分为如下几点：

① 通过颜色预分类将木材按心边材分类；

② 设定较小的温度梯度、时间梯度与较大的温度范围、时间范围，对两类木材分别进行高温热处理；

③ 对热改性木材进行高温植物油蜡浸润处理；

④ 计算不同热处理组别下心边材的整体色差 ΔE，得到均一化热处理组；

⑤ 按计算结果设定热处理条件，进行验证。

3.3.3 木材色差均一化热处理技术案例分析（以兴安落叶松为例）

在众多人工速生针叶树种中，关于落叶松的研究案例较多，下面就落叶松应用色差均一化热处理技术所取得的结果进行分析。

选用采自黑龙江鹤岗地区的 25 年生人工林兴安落叶松板材，通过视觉辅助计算机图像识别功能对落叶松进行颜色分类，按心边材区域锯切加工成 50mm(L)×40mm(T)×10mm(R) 的弦切试件样品（在弦切面可以更好地观察颜色变化），参照芬兰 Thermowood® 工艺，将木材试件分别在 160℃、180℃、200℃、220℃温度下处理 2h、4h、6h、8h，共得到 16 组热处理心边材试件。

随后对所有热处理试件进行高温植物油蜡浸润处理。植物油蜡由转基因型大豆油、亚麻籽油、桐油、蜂蜡、棕榈蜡按照一定比例混合制成（大豆油：桐油：亚麻籽油＝9：3：1；蜂蜡：棕榈蜡＝1：1）。为了使植物油分子更快地进入木材内部，将植物油蜡从室温加热至 200℃，并使试验组试件完全浸没在油蜡中并保持 1h。

通过 NF333 型分光光度计采集落叶松试件的色度学参数，并采用自主设定的图像比色法进行验证。通过国际照明委员会推荐的 CIE $L^*a^*b^*$(1976) 标准色度学系统对颜色进行表征,分别得到热处理后落叶松样品与高温植物油蜡浸润处理后的色度学参数。

图 3-17 显示了经过 16 组高温热改性工艺后,具有代表性的落叶松心材、边材的颜色变化。随着处理温度的升高和处理时间的延长,两组木材颜色逐渐变暗变红。但是,心材表面颜色的变暗过程比边材表面颜色的变暗过程略明显。心材样品在 160℃热处理至少 4h 后颜色发生了显著变化,而边材样品需要更高的温度或更长的时间(即 180℃热处理 6h 或 8h)才能实现类似的色彩变化。

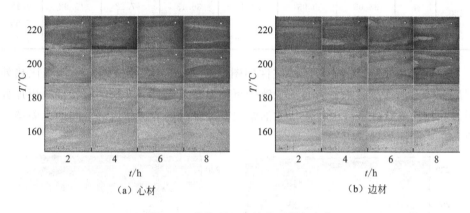

图 3-17　热处理心边材表面颜色变化

落叶松热处理材与未处理材的色度学参数差异如表 3-7 所示,随着热处理温度与时间的增加,与未处理材相比,无论是心材还是边材,其明度值的差异逐渐增大;黄蓝色品指数差异在 200℃后有更显著的增加趋势,而红绿色品指数差异未发现明显规律。表中还列出了落叶松心材与边材的色差,在 16 组相同的热处理条件下,单一热处理不同程度地增加或减小心材与边材的表面色差,二者的颜色差异变化并未发明显规律。

表 3-7　热处理落叶松色度学参数变化

温度 /℃	时间 /h	心材			边材			ΔE_{00}^*
		ΔL_0^*	Δa_0^*	Δb_0^*	ΔL_0^*	Δa_0^*	Δb_0^*	
160	2	2.50	−2.16	1.18	1.57	−0.39	−5.31	9.03
	4	2.03	−2.78	−0.72	5.83	−3.87	−5.81	3.88
	6	3.10	−3.33	−1.66	4.26	−4.05	−7.68	5.98
	8	3.66	−3.69	−1.46	4.48	−4.77	−7.38	5.97
180	2	3.71	−3.57	−0.61	7.74	−4.98	−3.66	2.70
	4	5.78	−4.68	1.34	8.56	−6.49	−4.69	4.50
	6	9.26	−3.21	4.67	12.30	−7.82	−5.91	8.14
	8	16.39	−3.52	9.03	16.64	−7.78	−2.21	9.74

温度 /℃	时间 /h	心材			边材			ΔE_{00}^{*}
		ΔL_0^{*}	Δa_0^{*}	Δb_0^{*}	ΔL_0^{*}	Δa_0^{*}	Δb_0^{*}	
200	2	13.48	−2.43	8.16	17.44	−8.01	−2.32	8.00
	4	16.76	−0.24	14.73	20.17	−7.03	2.76	9.82
	6	22.46	−0.65	15.58	22.79	−5.85	7.57	7.14
	8	27.18	−0.60	21.17	32.57	−7.51	14.32	5.12
220	2	27.62	−2.37	18.18	31.05	−9.18	10.77	5.72
	4	33.05	0.93	24.14	36.43	−7.22	15.92	7.12
	6	33.41	1.52	24.70	36.68	−6.96	16.08	7.56
	8	31.00	3.87	27.42	36.91	−4.89	19.37	7.48

经过植物油蜡浸润处理后的试件如图 3-18 所示，落叶松表面颜色相比热处理后变得更加饱满，木材表面视觉感受更加温暖，而且早晚材区域特征也更加分明。在相同热处理条件下，经植物油蜡浸润处理过的心材与边材之间的色差整体要大于未浸润处理的组别。

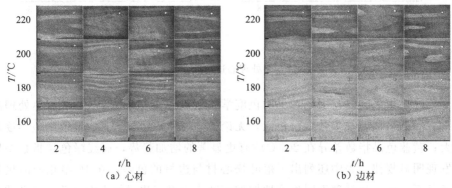

（a）心材　　　　　　　　　　　（b）边材

图 3-18　热改性-植物油蜡浸润心边材表面颜色变化

表 3-8 展示了经过不同条件热处理的心材与边材之间的整体色差，以及进行植物油蜡浸润处理后，心材与边材的整体色差。值得注意的是，由于植物油蜡的浸润作用，两种处理工艺下心材与边材之间的色差值存在明显的差异。

表中对角线上 ΔE 的值指的是经过相同热处理（identical thermal treatment，ITT）条件处理后的心材和边材样品之间的差异，用加粗方框突出显示。在热处理组别中心边材显示出明显不同的颜色，仅在 180℃、2h(180-2) 处理条件下，心材与边材色差为 2.70，可以实现落叶松颜色的均一性。通过计算得到均一化热处理组（homogeneous thermal treatment，HTT）样品的差异，其中用 H_1 代表边材减心材的颜色差值（S-H），表中数值加粗显示；H_2 代表心材减边材的颜色差值（H-S），在表中以斜体表示。表中粗体与斜体显示的数值可视为 HTT 组别中较好的处理工艺组合。

表 3-8　不同热处理条件心材与边材色差

热处理	边材																ΔE₀₀			减小率 %	
心材	160-2	160-4	160-6	160-8	180-2	180-4	180-6	180-8	200-2	200-4	200-6	200-8	220-2	220-4	220-6	220-8	ITT	HTT(S-H)	HTT(H-S)	1-H₁	1-H₂
160-2	9.03	5.09	7.23	6.69	2.42	3.37	6.76	9.37	10.20	13.45	17.84	29.74	26.79	33.84	34.13	36.14	9.03	2.42	8.54	-73.20	-5.43
160-4	8.54	3.88	5.71	5.06	1.90	2.03	5.98	9.80	10.60	14.57	19.28	31.16	28.05	35.24	35.53	37.67	3.88	1.90	3.88	-51.03	—
160-6	9.50	4.30	5.98	5.30	2.41	0.98	4.55	8.87	9.64	14.05	19.02	30.83	27.59	34.88	35.18	37.44	5.98	0.98	5.71	-83.61	-4.52
160-8	10.17	4.95	6.64	5.97	2.83	1.25	4.08	8.26	9.03	13.48	18.49	30.27	26.99	34.31	34.61	36.91	8.97	1.25	5.06	-86.06	-43.59
180-2	10.25	5.23	7.10	6.44	2.70	1.71	4.48	8.06	8.85	13.02	17.91	29.71	26.50	33.78	34.08	36.32	2.70	1.71	1.90	-36.67	-29.63
180-4	12.93	8.13	10.13	9.49	5.23	4.50	4.88	6.03	6.80	10.42	15.26	26.92	23.67	31.00	31.31	33.60	4.50	4.50	0.98	—	-78.22
180-6	16.08	11.89	14.20	13.70	8.84	8.76	8.14	4.87	5.43	6.00	10.33	22.13	19.10	26.23	26.53	28.69	8.14	4.87	4.08	-40.17	-49.88
180-8	24.00	20.01	22.35	21.89	17.05	16.90	15.22	9.74	9.49	3.77	2.50	13.80	10.82	17.89	18.19	20.48	9.74	2.50	4.87	-74.33	-50.00
200-2	20.88	17.08	19.46	19.02	14.11	14.15	12.99	7.99	8.00	3.27	4.88	16.74	13.98	20.84	21.13	23.18	8.00	3.27	5.43	-59.13	-32.13
200-4	26.84	23.88	26.32	25.96	21.02	21.39	20.58	15.53	15.45	9.82	4.88	11.60	10.67	15.53	15.76	16.90	9.82	4.88	3.27	-50.31	-66.70
200-6	31.88	28.55	30.96	30.59	25.70	25.84	24.33	18.81	18.49	12.68	7.14	6.11	6.23	9.88	10.09	11.51	7.14	6.11	2.50	-14.43	-64.99
200-8	38.94	35.79	38.21	37.85	32.93	33.10	31.59	26.03	25.68	19.90	14.40	5.12	9.06	5.67	5.68	4.88	5.12	5.12	1.67	—	-67.38
220-2	37.79	34.26	36.65	36.25	31.38	31.36	29.51	23.85	23.42	17.78	12.58	1.67	5.72	3.99	4.20	6.00	5.72	1.67	5.72	-70.80	0.00
220-4	45.28	42.17	44.58	44.24	39.36	39.52	37.84	32.22	31.81	26.14	20.78	10.02	14.15	7.12	6.79	3.00	7.12	3.00	3.99	-57.87	-43.96
220-6	45.86	42.81	45.23	44.90	40.03	40.21	38.56	32.96	32.55	26.87	21.50	10.87	15.01	7.98	7.65	3.89	7.65	3.89	4.20	-49.15	-45.10
220-8	47.96	45.20	47.64	47.34	42.47	42.78	41.34	35.81	35.45	29.72	24.26	14.29	18.44	11.62	11.28	7.48	7.48	7.48	3.00	0.00	-59.89

续表

浸润处理	边材																ΔE₀₀			减小率 %	
	160-2	160-4	160-6	160-8	180-2	180-4	180-6	180-8	200-2	200-4	200-6	200-8	220-2	220-4	220-6	220-8	ITT	HTT (S-H)	HTT (H-S)	1-H₁	1-H₂
160-2	9.83	7.88	3.17	1.52	7.89	1.92	1.60	2.27	4.71	10.64	15.39	24.22	24.30	24.92	23.70	33.00	9.83	1.52	9.83	-84.54	—
160-4	12.07	10.06	5.08	3.67	9.68	4.15	3.55	1.90	2.80	8.87	14.24	23.04	22.73	23.90	22.57	31.76	10.06	1.90	7.88	-81.11	-21.67
160-6	14.40	12.41	7.42	6.18	11.96	6.46	6.09	3.66	1.45	6.66	12.94	21.78	21.06	22.87	21.51	30.63	7.42	1.45	3.17	-80.46	-57.28
160-8	14.61	12.56	7.55	6.45	12.38	6.72	6.42	4.13	1.19	6.14	12.41	21.27	20.59	22.37	21.03	30.17	6.45	1.19	1.52	-81.55	-76.43
180-2	15.45	13.27	8.14	7.17	13.23	7.57	7.14	4.98	1.19	5.44	11.71	20.43	19.63	21.55	20.15	29.20	13.23	1.19	7.89	-91.01	-40.36
180-4	21.15	18.84	13.78	13.12	19.22	13.44	13.17	10.91	6.99	2.07	8.99	16.79	14.95	18.41	16.97	25.47	13.44	2.07	1.92	-84.60	-85.71
180-6	17.13	14.69	9.93	9.77	16.28	10.02	10.07	8.57	4.52	2.95	7.91	16.94	16.61	18.08	16.90	26.17	10.07	2.95	1.60	-70.71	-84.11
180-8	23.93	21.01	17.04	17.78	24.53	18.24	18.27	17.61	13.47	9.51	1.92	7.49	9.09	8.37	7.42	16.88	17.61	1.92	1.90	-89.10	-89.21
200-2	27.68	24.94	20.26	20.36	27.03	20.80	20.64	19.08	14.73	9.06	6.05	8.63	6.08	10.73	9.41	16.95	14.73	6.05	1.19	-58.93	-91.92
200-4	28.43	25.52	21.31	21.84	28.63	22.33	22.25	21.23	16.92	11.96	5.72	4.27	4.55	6.23	5.09	13.43	11.96	4.27	2.07	-64.30	-82.69
200-6	29.98	27.04	22.80	23.33	30.11	23.86	23.72	22.70	18.37	13.44	7.42	3.34	3.06	5.54	4.23	11.79	7.42	3.06	1.92	-58.76	-74.12
200-8	37.91	34.85	31.21	32.10	38.78	32.69	32.56	31.99	27.80	23.37	16.59	7.55	9.90	6.83	7.62	2.54	7.55	2.54	1.54	-66.36	-79.60
220-2	31.36	28.37	24.33	24.99	31.76	25.53	25.41	24.55	20.27	15.53	9.05	1.54	3.76	3.74	2.74	9.74	3.76	1.54	3.06	-59.04	-18.62
220-4	40.24	37.18	33.97	35.06	41.62	35.66	35.58	35.29	31.24	27.18	20.05	11.30	14.40	9.87	11.06	4.69	9.87	4.69	3.74	-52.48	-62.11
220-6	40.31	37.24	33.96	35.02	41.59	35.63	35.52	35.21	31.13	27.06	20.02	11.23	14.11	9.88	10.95	4.04	10.95	4.04	2.74	-63.11	-74.98
220-8	41.53	38.45	35.04	36.02	42.62	36.66	36.50	36.09	31.98	27.79	20.94	12.02	14.32	10.93	11.81	3.42	3.42	3.42	2.54	—	-25.73

心材

表 3-8 中也展示了 HTT 相比于 ITT 的色差减小率，热改性落叶松在 HTT 处理后心边材色差值要比 ITT 处理小 50%～80%，最高达到 86%；而植物油蜡浸润处理后，HTT 处理的心边材色差相对于 ITT 减小得更多一些，最多减小 91%。通过多因素方差分析表明，热改性-植物油蜡浸润处理对心边材色差的影响（$P=0.03$、0.11）明显大于热处理对心边材色差的影响（$P=0.10$、0.36），故以 $\Delta E=3$ 为界限，热处理-高温植物油蜡浸润工艺有多种 HTT 工艺组合，可使落叶松心边材的颜色更为均一。

整体来看，植物油蜡浸润处理前后，HTT 的所有组别与 ITT 相比，两组样本之间的颜色变异性均显著降低。采用植物油蜡对落叶松进行浸润处理，表面颜色差异得到进一步的改善，接近或低于肉眼辨别的界限。同时，植物油蜡附着在落叶松的表面，增加了木材的疏水性，从而提高了落叶松木材热处理后的尺寸稳定性。因此，使用 HTT 与植物油蜡浸润处理工艺，在获得颜色均一的落叶松板材的同时，可提高落叶松木材的产品综合价值，使之具有更大的灵活性和更宽的可控性。

3.3.4　木材色差均一化热处理技术应用启示

通过落叶松均一化热处理的案例可以发现，心边材试件在应用 16 种热处理工艺后表面颜色有显著差异。均一化热处理的所有组别中，与传统相同热处理条件相比，两组样本之间的颜色差异性均降低。而采用植物油蜡对落叶松进行浸润处理，表面颜色差异得到进一步改善，随着均一化热处理工艺的应用，心边材之间的颜色差异可能会显著降低，接近或低于肉眼辨别的界限。

由于大部分针叶树种心材的密度明显高于边材（心材质量较好），且边材通常需要较高的温度或更长的热处理时间，以达到接近心材或特定的颜色。因此，如果使用均一化热处理工艺与植物油蜡浸润处理，边材也可以与心材应用到相同的场景中，特别是可以满足那些对均匀颜色木材制品有需求的消费场景。

木材加工行业引入均一化热处理工艺可增加灵活性和可控性，因此，应用了均一化热处理的木材可以成为锯材木业市场具有竞争力的替代品，具有良好的价格-质量关系，以及可持续发展的优势。

3.4　基于高温热处理与表面油蜡渗透的针叶材耐候性分析

木材暴露在室外的天然环境中，经受着紫外线的光化降解作用、雨水的淋溶作用、水解作用、湿胀与干缩作用、风荷的侵蚀与微生物的腐蚀作用等。日久天长，木材表面形态就会发生一些变化。木材抵抗这些作用以及由这些作用引起木材变化的性质称为木材的耐候性或木材的抗风化性能。

3.4.1 低质针叶材室内外耐候性概述

针叶材在我们日常生活中大都应用于室内外的装饰家居领域（图 3-19），如建筑门窗、长椅、围栏等。室内外环境的差异影响到针叶材制成的木制品的使用寿命。在日常使用中，这些木制品会受到紫外线、空气湿度、温度变化及风等自然因素的影响。材料应用于室外要经受外界环境的考验，如光照、冷热、风雨、细菌等造成的综合破坏，其耐受能力会随时间延长而降低。一般来说，室外环境相对于室内环境更加恶劣，而且现今工业生产中使用的普遍都是人工林速生材，在主要物理力学性能上比不上天然针叶材，其室外耐候性也会有一定程度的减弱。木制品颜色变化、开裂变形以及湿胀或干缩，是耐候性强弱最直观的体现，会增加后期维修成本，并对木结构造成安全隐患，提升针叶材的室外耐候性尤为重要。

图 3-19 室外常见木质结构设施

3.4.2 低质针叶材木材尺寸稳定性改进的技术途径分析

干缩湿胀是木材的固有特性，在这一过程中随着含水率的变化，木材外观尺寸和主要物理性能都会发生变化，这是造成木材应用缺陷的主要原因。热改性作为目前国内工业化最成功、经济效益最显著的改性方法，能够显著降低木材的吸湿性，从而提高产品尺寸稳定性，是热处理木材最基本和最重要的性能提升方法。付宗营等（2019）对进口辐射松木材分别以 4 个温度水平和 3 个时间水平进行热处理，结果表明高温热处理可有效提高木材的抗胀率，热处理温度越高，处理时间越长，抗胀率越大。蔡绍祥等（2019）对马尾松进行高温水热处理，其径向线性湿胀率、弦向线性湿胀率、体积湿胀率均低于未处理材。与未处理材相比，高温热处理材表现出在相同时间内，处理温度越高、尺寸稳定性越好；在相同温度情况下，处理时间越长，尺寸稳定性越好。热改性提高木材尺寸稳定性的内在原因是木材中纤维素和半纤维素含有大量的羟基（—OH），其稳定性在高温作用下被破坏，相互之间会以氢键结合或脱水形成新的化学键。木材中原有的极性羟基大量减少，吸附水分子的能力减弱，因而木材干缩湿胀特性就会降低，影响木材变形的因素减少，其尺寸稳定性得到提高（李延军等，2010）。

除了热改性工艺，对木材进行化学改性也可以提升其尺寸稳定性。安玉贤等（1994）采用 1% 的 $NaHCO_3$ 水溶液对兴安落叶松木材进行改性处理，结果表明，木材尺寸稳定性提高，心材与边材的抗胀率分别为 44.60% 和 42.84%；阻湿率分别为 17.97% 和 17.5%。刘德华（2018）用 3 种不同的试剂对柳杉木和红椿木进行浸渍处理，聚乙二醇（PEG）、PEG-无水乙醇复合和水溶性乙二醛等 3 种浸渍剂均可提高柳杉木和红椿木的抗胀缩性，其中对柳杉木的效果更为显著，并且抗胀缩性随着浸渍剂浓度的增加而提高。

在其他木材改性工艺中，邓松林等（2021）通过气相辅助迁移法对杉木进行超疏水处理，制备了超疏水木材，对试样进行水浸泡试验，结果表明超疏水杉木吸水性大大降低，其体积膨胀率在试验 20 天后达到 6.36%，与未处理材相比，降低了 15.09%。蒲黄彪等（2014）利用糠醇对木材进行改性，糠醇分子进入木材细胞壁，通过占据羟基空间和在细胞壁内的缩合充胀细胞壁，实现对木材细胞壁的改性，减少了水分子进入细胞壁的通道，因此吸湿能力和线性湿胀系数下降，从而提高了尺寸稳定性。谢桂军等（2014）使用非离子型石蜡乳液稀释液与木材防腐液处理马尾松与厚荚相思木，石蜡乳液渗透进入木材内部，提高了两类木材的尺寸稳定性，且随着乳液浓度的增加尺寸稳定性逐渐提高，同时提高了木材的防腐性能。

总的来说，改进低质针叶材的工艺方法有很多，其核心任务都是降低木材吸湿能力，减小木材的湿胀性，最大限度减缓或抑制尺寸变化，这是提高低质针叶材室外耐候性能的关键。

3.4.3 高温热处理-植物油蜡涂饰处理用于低质针叶材耐候性改进的可行性分析

在以往的众多研究中，已经证实高温热处理可以降低木材的吸湿性，显著提高尺寸稳定性。但是对于不同的树种，其改性效果也不尽相同，同时高温热改性增加木材颜色变异的不可控性，对颜色稳定性有一定的影响。植物油蜡是一种环保改性剂，国内外的学者认为用植物油蜡处理木材可以提高木材的抗老化能力以及颜色稳定性。

李坚（1984）早在 20 世纪 80 年代就提出了对木制品进行涂饰处理以提高其耐候性与使用寿命。在后来的研究中，学者不断改进涂饰剂，从带有着色剂的清漆到聚氨酯涂料，又逐渐发展为植物油蜡，并实现工业化生产，说明对木材表面的涂饰处理可以有效地提高木制品的室外耐候性。

刘新有等（2015）研究了桐油和亚麻籽油作为木材涂饰材料的一些性能比较（图 3-20）。用传统工艺方法对核桃木样品进行油蜡涂饰处理，通过测定油的固体含量计算所得油膜的厚度。用 CIELAB 系统测量了木材表面渗透植物油蜡所引起的颜色变化。此外，为了评估和比较桐油和亚麻籽油的耐老化性，在高温（100℃）作用下进行了加速人工老化试验。通过颜色测量和 FTIR 光谱研究了老化现象。未进行涂饰的木材表面发生了变色，色泽变为红色和黄色；但是对于进行了油蜡涂饰的样品，这些变化更明显。用亚麻籽油涂饰的样品整体颜色变化最大，而桐油似乎更具抵抗力。两种植物油的红外光谱研究表明了它们在化学成分、固化和热致老化机理方面的相似性和差异。研究中证实了植物油蜡存在氧化降解过程，会形成游离脂肪酸和其他含羰基的化合物，如羰基（1740cm^{-1}）和羟基（3400cm^{-1}）。

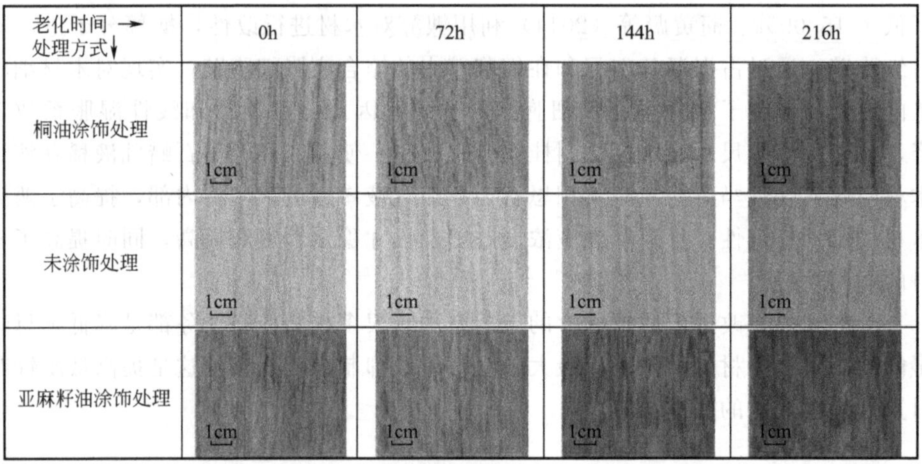

老化时间 → 处理方式 ↓	0h	72h	144h	216h
桐油涂饰处理	1cm	1cm	1cm	1cm
未涂饰处理	1cm	1cm	1cm	1cm
亚麻籽油涂饰处理	1cm	1cm	1cm	1cm

图 3-20　未处理样品与涂饰样品光老化试验效果对比
（刘新有等，2015）

近些年表面涂饰处理对热改性木材环境耐久性影响的研究较少，少量文献关注植物油蜡对热改性木材的性能提升。Žlahtič 等（2016）对橡树、欧洲落叶松、樟子松、挪威云杉和山毛榉进行热改性处理以及油、蜡浸渍处理。结果发现油蜡混合处理会提高木材的疏水性，而植物油蜡浸渍处理材会发生蓝变且材色变深。与其他材料相比，植物油蜡处理过的木材可减弱紫外光对木材表面木质素的降解，并通过提高表面疏水性来减少木材抽提物的流失及木质素老化降解后的流失，从而降低颜色变化，并保持木材表面的疏水性。此外，他的研究中发现非生物降解（人工加速风化）对疏水性的影响比生物因素（木材腐烂和蓝染真菌）更显著。若比较蜡和植物油对木材的抗老化效果，经过蜡处理的材料在老化后的表面性能优于经过植物油处理。

Ozlem 等（2013）研究了紫外光照射和水喷雾对未处理和预处理樟子松边材表面性质的影响。樟子松样品用欧芹籽油、石榴籽油、亚麻籽油、黑种草籽油、菜籽油、芝麻油和大豆油处理（图 3-21）。结果表明，所有植物油涂饰样品在一个风化试验周期（600h）后，颜色变化均低于对照组。在颜色稳定性、表面粗糙度、化学变化和抗压强度方面，石榴籽油处理获得了最佳的整体表面抗风化保护。植物油蜡处理延缓了木质素在风化过程中的降解，表明植物油蜡处理的松木表面粗糙度随辐照时间的延长而降低。

对涂饰处理材与未处理材进行红外光谱分析发现，由于 C=O 拉伸（半纤维素中的木聚糖）而产生非共轭结构的特征羰基。与未风化的对照组相比，风化样品的羰基吸收峰降低。紫外线造成的降解导致了羰基吸收带的增加。颜色变化归因于木质素和其他相关化合物改性产生的共轭酮、醛和醌的羰基。此外，紫外线光子可以导致形成自由基，并且通过氧气和水的作用，形成过氧化氢。自由基的存在会导致变色反应和羰基峰的增加。

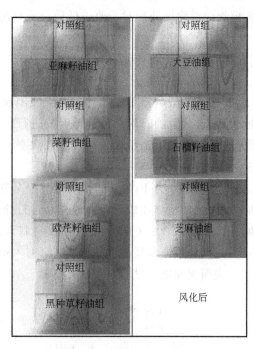

图 3-21 人工风化 600h 后，经过植物油处理和未经处理的樟子松样品的表面外观
（Ozlem 等，2013）

风化过程中木材表面粗糙度的变化是由于光降解导致木质素从木材表面浸出。未处理材粗糙度的增加，以及裂纹和裂缝的形成，皆归因于早材细胞比晚材细胞更强烈的侵蚀（搓板效应）。

Pánek 等（2016）研究了透明植物油蜡和有色植物油蜡对热带木材自然和人工风化过程中颜色稳定性的影响。对比 4 种热带树种涂饰材老化后的颜色稳定性发现，密度较大的树种颜色变化较小。风化过程中颜色坐标 L^*、a^*、b^* 在风化的早期阶段变化较大。柚木油处理的巴劳木木材具有最佳的颜色稳定性。用透明植物油蜡处理过的木屑，其色度学参数 ΔL^*、Δa^*、Δb^* 和总色差 ΔE^* 的变化最大。在户外风化 12 个月和人工风化 4 周之间，ΔE^* 的线性相关性最高。

众多学者关于植物油蜡涂饰处理木材的研究中，已经证实植物油蜡可以提升木材表面性质，提高其颜色稳定性与耐腐蚀性，延缓老化周期。由此可见，将植物油蜡涂饰与高温热处理结合，可同时在木材的内部和表面发挥作用。高温热处理-植物油蜡涂饰处理对于改进低质针叶材耐候性是一种可行的组合工艺。

3.4.4　研究案例启示

邹佳利、战剑锋等（2019）分别使用商品化木蜡油（底油和面油）、自制木油（预聚合大豆油）对热改性落叶松进行表面涂饰处理，在人工模拟高湿环境下测试各类植物油涂饰后的木材相对吸湿率、平衡含水率及横纹相对变形率等各项技术指标。

初始含水率为 10%～12% 的落叶松分别在 160℃、180℃、200℃下处理 1h，随后使用三种植物油蜡对落叶松样品进行涂饰，分别为：①底油 L-001（亚麻籽油）；②面油 L-002（亚麻籽油）；③自制木油（预聚合大豆油）。设定四种涂饰方案：a——涂饰木蜡油①、b——涂饰木蜡油①和②、c——涂饰自制木油③、d——表面无涂饰，试验结果如图 3-22～图 3-24 所示。

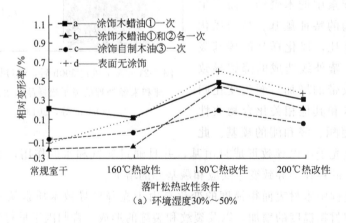

图 3-22

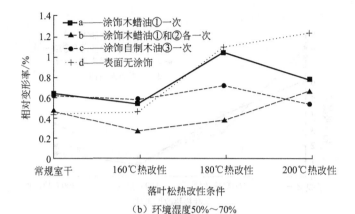

（b）环境湿度50%～70%

图 3-22　40℃条件下落叶松板材相对变形率随热改性工艺参数、
表面涂刷方法的变化趋势（邹佳利等，2019）

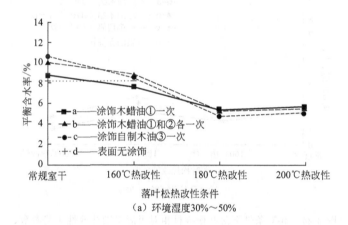

（a）环境湿度30%～50%

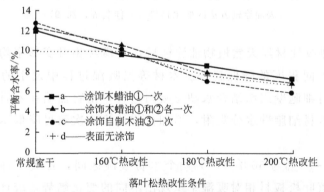

（b）环境湿度50%～70%

图 3-23　40℃条件下落叶松板材平衡含水率随热改性工艺参数、
表面涂刷方法的变化趋势（邹佳利等，2019）

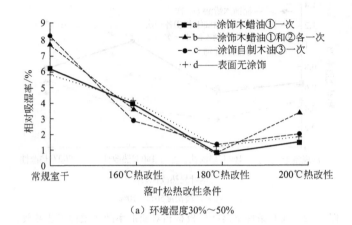

（a）环境湿度30%～50%

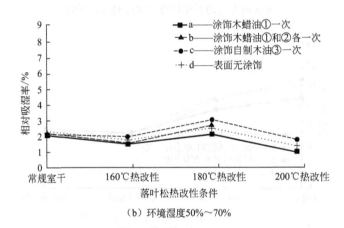

（b）环境湿度50%～70%

图 3-24　40℃条件下落叶松板材相对吸湿率随热改性工艺参数、
表面涂刷方法的变化趋势（邹佳利等，2019）

　　落叶松热改性材经天然植物油涂饰后，其横纹相对变形率均较未涂饰对比材呈现出不同程度的降低趋势。木材等温吸湿过程中发生的横纹膨胀现象，源自木材细胞壁组织结合水动态吸附过程，植物油蜡在木材表层的浸润有助于限制木材细胞壁水分吸附，增加植物油涂饰次数可降低木材横纹吸湿膨胀变形率。

　　在30%～50%与50%～70%两个木材吸湿区间，各类涂饰方案、热改性温度下的落叶松板材相对吸湿率呈现出不同的变化趋势，统计分析结果显示，热改性工艺对木材相对吸湿率存在显著性影响。对室外用热改性针叶材进行表面植物油涂饰处理是改善木材耐候性、延长木材使用寿命的有效技术手段。

参考文献

[1]　张宏宏，王韵，杨翰南.市售植物油中脂肪酸成分的分析研究［J］.品牌与标准化，2021（03）：109-111，114.

[2]　黄艳辉，冯启明，董天悦，叶翠茵，李帆.浅析木蜡油的应用、研究现状及发展趋势［J］.林产工业，2019，46（01）：7-11.

[3]　李士兵，柳娜，康金双，付联，田丽娜.新型环保木蜡油合成工艺研究［J］.当代化工，2012，41（12）：1315-1316，1319.

[4]　易熙琼，陈浩淼，何凤梅.木蜡油的性能特点及涂装工艺［J］.木材工业，2013，27（05）：46-48.

[5]　段新芳，李坚.木材涂饰前基材表面处理方法［J］.北京木材工业，1996（01）：7-13.

[6]　战剑锋，左驰，张啸，田彬，刘熙，秦佩琪.以亚麻油、桐油为主剂的木蜡油合成与涂饰性能分析［J］.林业科技，2021，46（05）：35-40.

[7]　刘一星，李坚，于晶，郭明晖.透明涂饰处理前后木材表面材色和光泽度的变化［J］.家具，1995（03）：3-5.

[8]　战剑锋，李欣，魏童，张宝元.芬兰的木材热改性技术及其对我国木材工业的启示［J］.温带林业研究，2018，1（02）：56-62.

[9]　Meints T, Teischinger A, Stingl R, et al. Wood colour of central European wood species: CIELAB characterisation and colour intensification［J］.European Journal of Wood and Wood Products, 2017, 75（4）：499-509.

[10]　江京辉，吕建雄.高温热处理对木材颜色变化影响综述［J］.世界林业研究，2012，25（01）：40-43.

[11]　刘星雨.高温热处理木材的性能及分类方法探索［D］.北京：中国林业科学研究院，2010.

[12]　严明汉.高温热处理兴安落叶松木材材性与动态水分吸附特性的研究［D］.哈尔滨：东北林业大学，2021.

[13]　史蕾.热处理对圆盘豆木材性能影响及其机理研究［D］.北京：中国林业科学研究院，2011.

[14]　陈宏伟，宋魁彦.木蜡油涂饰对家具表面视觉特性的影响研究［J］.家具与室内装饰，2021（04）：43-45.

[15]　陈宏伟.木蜡油涂饰性能与表面效果研究［D］.哈尔滨：东北林业大学，2021.

[16]　顾炼百，丁涛，江宁.木材热处理研究及产业化进展［J］.林业工程学报，2019，4（04）：1-11.

[17]　张镜元，达妮娅，张宝元，战剑锋.植物油蜡涂饰热改性落叶松的色度学差异性分析（英文）［J］.林业工程学报，2020，5（06）：64-75.

[18]　高建民.三角枫在干燥过程中诱发变色的研究［D］.北京：北京林业大学，2004.

[19]　李凤龙，严悦，谷雪，郭明晖，孙伟伦.高温热处理落叶松的涂饰性能及涂饰后抗弯强度［J］.东北林业大学学报，2017，45（10）：49-52，59.

[20]　陈金宇，王望，曹金珍.植物油改性木材研究进展［J］.世界林业研究，2020，33（03）：26-31.

[21]　王兴昌，王传宽，张全智，李世业，李国江.东北主要树种心材与边材的生长特征［J］.林业科

学，2008（05）：102-108.

[22] 周凡，高鑫，付宗营，江京辉，周永东. 火力楠心材与边材颜色和物理力学性质［J］. 西北林学院学报，2021, 36（04）：191-197.

[23] 刘光金，侯佳，徐建民. 木材材色研究进展［J］. 世界林业研究，2021, 34（04）：46-53.

[24] Griebeler C, Tondi G, Schnabel T, Iglesias C, Ruiz S. Reduction of the surface colour variability of thermally modified Eucalyptus globulus wood by colour pre-grading and homogeneity thermal treatment［J］. European Journal of Wood and Wood Products, 2018, 76（5）：1495-1504.

[25] 庄子龙，刘英，沈鹭翔，丁奉龙，王争光. 基于多层感知机的木材颜色分类［J］. 林业机械与木工设备，2020, 48（06）：8-14.

[26] 杨少春，戴天虹，白雪冰. 基于均匀颜色空间的木材分类研究［J］. 计算机工程与设计，2008（07）：1780-1784.

[27] 郭飞，黄荣凤，吕建雄，张耀明. 热处理对马尾松蓝变材颜色的影响［J］. 东北林业大学学报，2015, 43（04）：69-72.

[28] 付宗营，周凡，高鑫，周永东. 热处理对进口辐射松木材抗弯性能和尺寸稳定性的影响［J］. 木材工业，2019, 33（06）：47-50.

[29] 蔡绍祥，王新洲，李延军. 高温水热处理对马尾松木材尺寸稳定性和材色的影响［J］. 西南林业大学学报（自然科学），2019, 39（01）：160-165.

[30] 安玉贤，方桂珍. 碱处理兴安落叶松材改性的研究［J］. 木材工业，1994（01）：30-33.

[31] 刘德华. 三种化学溶剂浸渍处理对柳杉和红椿木材尺寸稳定性的影响研究［D］. 成都：四川农业大学，2018.

[32] 邓松林，邓训和，贾闪闪，罗莎，卿彦，刘怡康，吴义强. 超疏水处理对木材尺寸稳定性与力学性能的影响［J］. 中南林业科技大学学报，2021, 41（03）：170-176.

[33] 蒲黄彪，陈太安，李元翻. 糠醇化对橡胶木性质的影响［J］. 林业科技开发，2014, 28（04）：50-53.

[34] 谢桂军，李晓增，王剑菁，莫志广. 非离子型石蜡乳液增强防腐木材尺寸稳定性的研究［J］. 广东林业科技，2014, 30（06）：30-33.

[35] 李坚. 木材的耐候性与表面涂饰［J］. 家具，1984（06）：3-4.

[36] Liu X, Timar M C, Varodi A M, et al. Tung oil and linseed oil as traditional finishing materials important for furniture conservation［J］. Pro Ligno, 2015, 11（4）：571-579.

[37] Žlahtič M, Humar M. Influence of artificial and natural weathering on the hydrophobicity and surface properties of wood［J］. BioResources, 2016, 11（2）：4964-4989.

[38] Ozlem O, Okan O T, Yildiz U C, et al. Wood surface protection against artificial weathering with vegetable seed oils［J］. BioResources, 2013, 8（4）：6242-6262.

[39] Pánek M, L Reinprecht L. Effect of vegetable oils on the colour stability of four tropical woods during natural and artificial weathering［J］. Journal of Wood Science, 2016, 62(1)：74-84.

[40] 邹佳利，曹凯玥，杨宏玉，张祥宇，王靖茹，战剑锋. 植物油涂饰处理对热改性落叶松耐候特性的影响［J］. 林业科技，2019, 44（03）：47-52.

[41] 李延军，唐荣强，鲍滨福，孙会. 高温热处理杉木力学性能与尺寸稳定性研究［J］. 北京林业大学学报，2010, 32（04）：232-236. DOI: 10. 13332/j. 1000-1522. 2010. 04. 049.

4

木材表面疏水化处理技术

4.1 引言

在世界公认的四大原材料中，木材是唯一的可再生资源。由于其独特的多尺度分级孔隙结构和化学组成，木材具有其他材料无法比拟的特性，如高强重比、优异的机械加工性能、各向异性、良好的热绝缘和电绝缘性、对紫外线的吸收和红外线的反射作用，以及良好的环境、声学特性等，因此被广泛应用于家居装饰、建筑结构、交通运输等领域。然而，木材主要是由纤维素、半纤维素和木质素等组成的多孔性材料，且三大组成的分子中存在着大量的羟基等亲水基团；在使用的过程中，容易吸湿（水）膨胀变形，滋生细菌与真菌，使木材发生腐朽、开裂、变形，从而限制了木材在生活中的应用。因此在推进木材高效利用与多功能发展过程中，总是离不开对木材防水的考虑，解决木材在使用过程中的吸水问题首当其冲。

在仿生超疏水材料构建过程中，自然界为人类提供了大量的仿生对象，各类独具特色的超疏水现象广泛存在于大自然中，如"荷叶效应""玫瑰花瓣""昆虫翅膀""水黾腿部"等。对木材表面进行仿生功能化改良，不仅可提高木材防腐、阻燃、尺寸稳定、耐磨等性能，还能赋予木材优异的水排斥性、自清洁性，以及防污、防腐、防冰等新属性。

超疏水表面是指水滴接触角大于150°、滚动角小于10°的表面，因其具有优异的水排斥性、自清洁性以及防污、防腐、防冰等性能而受到关注。研究发现，超疏水性是由微纳米粗糙结构与低表面能物质二者协同作用产生的，基于此，超疏水表面可通过两种方式来构建：一是在低表面能材料表面构建粗糙结

129

构；二是在粗糙表面修饰低表面能物质。在木材基底上构建微纳米级粗糙结构，对其进行超疏水化处理，使木材由亲水性转变为超疏水性，能显著地减弱木材组织与水分子之间的相互作用。水滴不能浸润木材表面，因此可以有效地抵御液态水的浸入，使其保持干燥状态，从而解决木材因对水分的吸收而导致的尺寸变形、腐朽变色等问题。木材超疏水化处理技术，对于拓宽木材的使用范围、延长使用寿命、实现低质材料高值化利用具有重要意义。

4.2 超疏水现象和理论

4.2.1 自然界超疏水现象

在自然界中，大量的生物展现出超疏水性能，如荷叶表面、水稻叶表面的水滴呈球状且易滚落；"水面上的溜冰者"水黾能在水面快速行走而不会沾湿腿脚；昆虫翅膀具有定向疏水性能等，人们通过对这些生物体独特结构和性能的研究，在材料表面设计和构筑相似的结构和化学成分，从而制备出新型的仿生智能材料。超疏水表面的仿生构筑，是仿生学、材料科学和界面科学的重要结合点之一，对于人类的生产生活具有重要意义。

具有超低润湿性的典型生物材料及相应的多尺度结构如图4-1所示。(a) 由于树枝状纳米结构覆盖于随机分布的微乳突，荷叶具有低黏、超疏水性和自清洁性（Feng 等，2002）。(b) 水稻叶片表面具有各向异性的超疏水性，这是由一维有序排列的莲花状微乳突引起的（Feng 等，2002）。(c) 蝴蝶翅膀由于其多尺度结构，具有定向黏附、超疏水性、结构色、自清洁性、化学传感能力和荧光发射功能（Zheng 等，2007）。(d) 水黾腿由于具有螺旋纳米槽的针状微刚毛定向排列而具有坚固耐用的超疏水性（Gao 等，2004）。(e) 蚊子复眼表现出超疏水、防雾和抗反射功能，这是因为 HNCP 纳米乳突覆盖了 HCP 微孔（Gao 等，2007）。(f) 杨树叶片具有超疏水和抗反射的特性，这种特性源于其密实的绒毛和中空纤维结构（Ye 等，2011）。(g) 壁虎的脚具有超疏水、可逆的粘接和自洁功能，这是由于其排列整齐的微刚毛分裂成数百个纳米刮刀（Liut 等，2012）。(h) 红玫瑰花瓣表现出超疏水性，纳米褶皱覆盖的微乳突周期性排列，具有高黏附性和结构色（Feng 等，2008）。(i) 由于槐叶萍（*Salvinia natans*）效应，槐叶萍叶表现出超疏水性和保气性（Barthlott 等，2010）。(j) 由于纳米结构覆盖的定向微乳突，鱼鳞表现出减阻性、在空气中的超亲油性和在水中的超疏油性（Liu 等，2009）。(k) 由于表面多尺度结构和特殊的化学成分，蛤蜊壳在水中表现出低的粘接超疏油性（Liu 等，2012）。(l) 花生叶片特殊的表面多尺度结构和化学成分使其表现出高黏附超疏水和雾捕获特性（Yang 等，2014）。

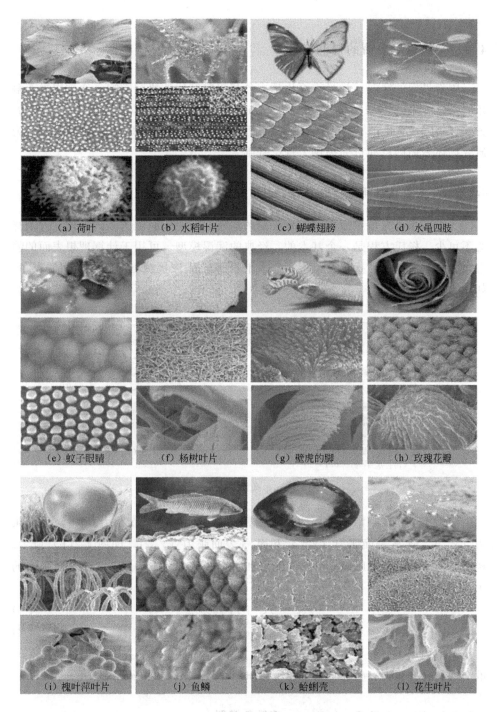

（a）荷叶　　　　　（b）水稻叶片　　　　　（c）蝴蝶翅膀　　　　　（d）水黾四肢

（e）蚊子眼睛　　　　（f）杨树叶片　　　　　（g）壁虎的脚　　　　　（h）玫瑰花瓣

（i）槐叶萍叶片　　　　（j）鱼鳞　　　　　（k）蛤蜊壳　　　　　（l）花生叶片

图 4-1　具有超疏水性的典型生物材料及相应的
多尺度结构（Wang 等，2015）

4.2.2 超疏水表面的浸润机理

固液界面的润湿行为受表面化学成分和粗糙结构的协同影响。通常用静态触角（CAs）、滚动角（SAs）以及前进/后退角等参数来表征固体表面的润湿行为。另外，杨氏（Young's）方程 Wenzel 模型 Cassie-Baxter 模型等润湿理论模型为研究固体表面的浸润行为提供了理论基础。

4.2.2.1 静态接触角及杨氏（Young's）方程

为进一步研究仿生超疏水木材表面的构建，对表面润湿的基础理论进行阐释必不可少。杨氏方程是一个基本的、经典的润湿模型，可用于计算理想表面的静态接触角，而所谓的接触角是指固体水平表面与固-液接触点的切线之间的夹角，如图 4-2 所示（孙庆丰等，2021）。

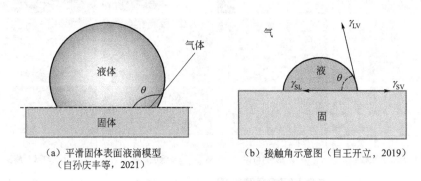

（a）平滑固体表面液滴模型　　　　　（b）接触角示意图（自王开立，2019）
（自孙庆丰等，2021）

图 4-2　固-液界面的接触角

假设水滴滴在平滑的理想固体表面，需要考虑三种表面张力：固-液表面张力（γ_{SL}）、液-气表面张力（γ_{LV}）和固-气表面张力（γ_{SV}），如图 4-2（b）所示。杨氏方程（Young，1805）给出的液滴和表面平衡接触角 θ_{eq} 与三种表面张力的关系为：

$$\gamma_{SV} = \gamma_{SL} + \gamma_{LV}\cos\theta_{eq} \tag{4-1}$$

$$\cos\theta_{eq} = (\gamma_{SV} - \gamma_{SL})/\gamma_{LV} \tag{4-2}$$

式中：γ_{SV} 为固-气界面的界面张力；γ_{SL} 为固-液界面的界面张力；γ_{LV} 为气-液界面的界面张力；θ_{eq} 为光滑固体表面的平衡接触角，即杨氏接触角。

4.2.2.2 Wenzel 与 Cassie-Baxter 接触角模型

1936 年，为了解释粗糙表面的超润湿性，Wenzel 通过引入表面粗糙度系数

r 对杨氏方程进行了修正，r 定义为粗糙表面的实际面积与几何投影面积的比值（Wenzel，1936）。采用热力学公式推导表观接触角与界面张力的关系，见图 4-3。

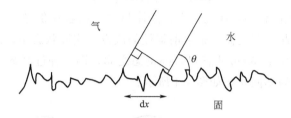

图 4-3　液滴与粗糙表面的接触边缘示意图（Wang 等，2015）

假设滴落在固体表面的液体完全充满粗糙表面的凹坑，且整个体系达到平衡状态。界面产生微小变化时，体系自由能相应的微小变化值为

$$dF = r(\gamma_{SL} - \gamma_{SV})\,dx + \gamma_{LV}\cos\theta^w \tag{4-3}$$

式中，dF 为接触线移动 dx 距离所需要的总能量。当 F 取最小值时，整个系统趋于一种热力学平衡状态，有

$$\cos\theta^w = r(\gamma_{SL} - \gamma_{SV})/\gamma_{LV} \tag{4-4}$$

与式（4-1）联立，得到 Wenzel 方程

$$\cos\theta^w = r\cos\theta_{eq} \tag{4-5}$$

因此，表面粗糙度的引入无疑会提高光滑表面材料固有的润湿性。然而，对于一些具有高粗糙度或多孔结构的表面，式（4-4）右侧的绝对值可能大于 1。显然，在这种情况下，Wenzel 模型是不够的，因此引入了 Cassie-Baxter 模型（Cassie 等，1944）。

在 Cassie-Baxter 模型中，表面的化学异质性对平衡接触角有相当大的影响。假设固体材料表面由两种物质组成（物质 1 和物质 2），并且两种物质以非常细小的形态均匀分布在固体表面。已知物质 1 和物质 2 的本征接触角分别为 θ_1 和 θ_2，在固体表面的表面积分数分别为 f_1 和 f_2（$f_1 + f_2 = 1$）；假设液滴在固体表面铺展时的表面积分数是恒定的；θ^{CB} 为表观接触角。此时，体系自由能变化值为

$$dF = f_1(\gamma_{SL} - \gamma_{SV})_1 dx + f_2(\gamma_{SL} - \gamma_{SV})_2 dx + \gamma_{LV}\cos\theta^{CB} \tag{4-6}$$

平衡时，$dF = 0$，则有

$$f_1(\gamma_{SL} - \gamma_{SV})_1 dx + f_2(\gamma_{SL} - \gamma_{SV})_2 dx = \gamma_{LV}\cos\theta^{CB} \tag{4-7}$$

与方程（4-1）联立，可得 Cassie-Baxter 方程

$$f_1\cos\theta_1 + f_2\cos\theta_2 = \cos\theta^{CB} \tag{4-8}$$

Cassie 和 Baxter 认为，如果固体表面有较好的疏水性，那么液体不会完全润湿粗糙表面，而是发生液-固和液-气接触。定义 f_1 和 f_2 分别代表液-固接触

和液-气接触所占表面积分数，由于液滴与空气不相容，两者之间的接触角为180°，则有

$$\cos\theta^{CB} = f_1\cos\theta_1 - f_2 \tag{4-9}$$

因此，可以看出，f_2 越大，代表液体与空气接触比例越大，固体表面的疏水性也就越好。此方程也做了很多前提性的假设。实际状态中，液体在固体表面的润湿状态一般介于 Wenzel 态和 Cassie 态之间，即一种过渡态。

超疏水表面的不同状态如图 4-4 所示。

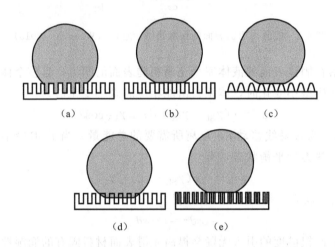

图 4-4　超疏水材料表面的液-固界面形态特征
(a) Wenzel 状态；(b) Cassie 超疏水状态；(c) "荷叶" 状态 (Cassie 超疏水
状态的一种特例)；(d) Wenzel-Cassie 过渡状态；(e) PS 纳米管表面的
"壁虎" 状态 (自 Wang 等，2015)

4.2.2.3　接触角滞后与滚动角

接触角滞后可以反映不同的超疏水状态。如图 4-5 所示，不断增加固体表面液滴的体积，液滴会逐渐扩张，到临界状态时会突然向前移动，此时的接触角定义为前进角 (θ_A)；不断减少固体表面液滴的体积，液滴会逐渐收缩，到临界状态时会突然向后移动，此时的接触角定义为后退角 (θ_R)。前进角与后退角之间的差值，即接触角滞后。较低的接触角滞后对于实现材料表面自清洁性能是必要的。另一个重要参数是滚动角。固体表面的液滴，在固体表面逐渐倾斜的过程中恰好发生滑动或滚动时，固体表面与水平面的临界角度定义为滚动角 (α)。一般认为，滚动角小于 10° 的超疏水表面具有良好的自清洁能力 (王开立，2019)。

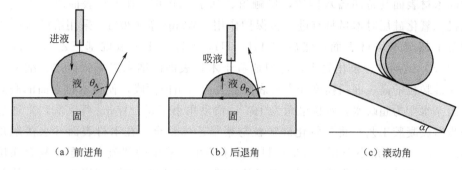

　　（a）前进角　　　　　　　　　（b）后退角　　　　　　　　（c）滚动角

图 4-5　前进角、后退角、滚动角示意图（自王开立，2019）

4.3　木材超疏水表面的构建方法

　　木材是一种生物质材料，具有极高的水敏感性，富含纤维素、半纤维素，使得木材容易吸水膨胀破坏、发霉、腐朽，因而限制着木材的应用。对于户外用材，需要耐水性能比较高，因此，对木材进行超疏水处理可以促进木材的多元化高效利用。随着研究人员的不断开发拓展，超疏水表面的结构设计思路基本确定，比较经典的主要有溶胶凝胶法、层层自组装法，以及表面涂覆法等。

4.3.1　溶胶凝胶法

　　溶胶凝胶法是指前驱体溶液经过一系列的水解、缩合反应，首先形成透明溶胶，然后逐渐聚合形成凝胶，并与基质表面结合。凝胶体系为三维网络结构，经干燥后在基质表面生成微纳米粗糙结构。由于溶胶凝胶法反应的前驱体种类很多，其反应条件、生成颗粒物的尺寸、表面形态和粗糙度容易控制，所以溶胶凝胶法是构建木材超疏水表面的常用方法。一般有二氧化硅、二氧化钛、氧化锌等含氧化合物，这些氧化物的生成，不仅能够给表面提供一定的粗糙度，其本身比较稳定的性质还能够给修饰的表面提供更加稳定的耐热、耐酸碱腐蚀、耐磨等优异的性能。贾闪闪等（2016）以正硅酸乙酯为前驱体，氨丙基三乙氧基硅烷为修饰剂，采用一步溶胶凝胶法构建超疏水木材，在木材表面构筑了类荷叶的微纳米分级结构协同低表面能物质，使杉木转变为超疏水性，试件经强酸、强碱溶液分别浸泡及超声波清洗后仍保持较好的疏水性能。梁金等（2014）采用一锅法混合正硅酸乙酯、氨水、蒸馏水、无水乙醇以及低表面能物质（乙烯基三乙氧基硅烷），在木材表面直接原位生成疏水二氧化硅微粒，纳米 SiO_2 在木材表面形成的粗糙结构以及协同疏水性的乙烯基端，模仿了荷叶的乳突模型，使得具有亲水性的木材表面具备超疏水性质，接触角达到了 150.6°，在木材表面反应生成的无机二氧化硅层对木材具有进一步保护作用。Wang 等（2011）采用溶胶凝胶法制备了超疏水木材表面，然后用 1H，1H，2H，2H-全氟烷基三乙氧基硅烷（POTS）试剂进行氟化处理。均匀地覆于木材表面的纳米二氧化硅球、纳米二氧化硅颗粒的高表面粗糙度和木材表面低表面自由能薄膜，使得木材表面的润湿性由亲水变为超疏水，水接触角为 164°，滑动角小于 3°。Wang 等（2014）通过一步溶胶凝胶工艺，将二氧化硅颗粒与聚苯乙烯结合，在木材表面（水接触角 153°±1°，滑动角小于 5°±0.5°）制备出了仿生、稳定的超疏水涂层。复合涂层具有微米级乳突和亚微米级颗粒组成的二维分层结构。微米/亚微米二元结构和低表面能膜层的协同作用是木材表面超疏水的主要原因。对处理后木材的化学稳定性和力学稳定性进行了研究，结果表明，处理后的木材在纯水、酸性和碱性的腐蚀性水以及一些常见的有机溶剂中都具有较好的超疏水性能。

4.3.2 层层自组装法

层层自组装技术是从分子水平上，借助于静电和氢键作用来控制薄膜的化学组成和厚度。卢茜、胡英成（2016）通过层层自组装技术制备纳米 SiO_2 薄膜，当木材表面自组装 5 层后，制备的木材具有超疏水性能，接触角高达 161°。利用 1H，1H，2H，2H-全氟辛基三乙氧基硅烷（POTS）作为疏水改性剂制备出了超疏水木材。超疏水木材表面的形成机制可以归纳为层层自组装的纳米 SiO_2 薄膜在木材表面构建了微纳米级粗糙结构，并经后续低表面能物质 POTS 的修饰处理使得木材表面由亲水转变为超疏水。Vaclav 等（2017）通过热蒸发在木材表面沉积一层正六辛烷，并对不同加工表面的不同树种的自组装能力进行了研究。利用扫描电子显微镜（SEM）和共聚焦显微镜观察蜡晶的行为。通过蜡沉积，润湿性发生了显著的变化，表现为表面行为由亲水向超疏水转变。在所有观察到的样品中，正六辛烷的自组装能力使得接触角增加。Rao 等（2016）采用层层自组装的方法，在木材表面制备了由聚烯丙胺（PAH）、聚苯乙烯磺酸钠（PSS）和纳米 TiO_2 薄膜组成的透明保护多层膜。通过将多环芳烃阳离子层预固定在木材基板上，然后在 pH 控制的阴离子 PSS 溶液和 TiO_2 胶体溶液中交替浸泡形成涂层。结果表现，随着 PSS/TiO_2 双层膜数量的增加，膜的覆盖均匀性和厚度得到改善。该涂层掩盖了细胞壁的超微结构，同时保留了完整的微尺度特征。组装膜中的锐钛矿型 TiO_2 增强了木材的紫外稳定性，降低了木材的光致变色。另外，还进一步验证了纳米 TiO_2 薄膜对罗丹明 B 和亚甲基蓝染料的光催化性能。涂层表面的纳米 TiO_2 膜具有超亲水性，具有自清洁和防雾能力。疏水木材的形貌和水接触角（WCA）值表明，反应 pH 值和自组装层数是影响疏水木材样品的主要因素。

4.3.3　表面涂覆法

　　日常生活中一般采用表面涂覆方式对木材进行油漆、覆膜处理。许多油漆及成膜物质具有疏水性，再通过添加其他纳米粒子构建微纳层级结构，可用于仿生超疏水木材表面的制备。表面涂覆法一般包含喷涂、滴涂、刷涂、浸涂等方式，操作简单，成本较低，在生产及实际应用方面具有极大的优势。郭于田等（2018）通过制备超疏水纳米 SiO_2 粒子与 PU＋PMMA 弹性混合胶，运用喷涂法分别将其喷涂在木材表面，可以增强超疏水木材表面的稳定性与耐久性。利用接触角测量仪测量改性木材表面的接触角，并进行耐磨测试，结果显示采用上述方法确实可以增强其稳定性与耐久性。Gao 等（2015）通过硬脂酸改性二氧化钛包覆碳酸钙微纳米复合颗粒，制备了水接触角为 155°、滑动角为 4°的超疏水木材表面。经试验，制备的木材表面具有优异的化学稳定性和耐久性。纤维素纳米晶（CNC）通常是将主要来自木材、棉花、亚麻、大麻等作物的纤维素酸水解制备而成。Huang 等（2018）采用两步喷涂法成功制备了一种坚固的超疏水涂层。该方法采用商用喷涂涂料作为黏合剂，先喷涂到基材上，然后将改性 CNC 喷涂到黏合剂上。在木材和玻璃载玻片上形成的涂层具有良好的超疏水性，水接触角（WCA）为 163°，具有优异的自清洁性和较高的力学强度。此外，涂有黏合剂和疏水 CNC 的不锈钢网，显示出很高的耐化学腐蚀和紫外线辐射能力。这种 CNC 超疏水涂层只需喷涂即可应用于基材表面，有利于提高木材和农作物的工业使用价值。Wu 等（2017）以纳米粒子（SiO_2 或 TiO_2）和环氧树脂为原料，合成了一种乳液，通过喷涂、浸渍和涂刷的方法，制备出超疏水表面。所得超疏水材料的水接触角为 152°，滚动角为 6°，具有优异的耐磨性、耐酸碱和有机溶剂腐蚀性，且该乳液在各种基质材料和涂覆方法上具有通用性。

4.3.4　水热法

　　水热法是将大气条件下不溶或难溶的物质在高温高压条件下进行溶解，且达到一定的过饱和度，通过在基质表面结晶和生长来构建微纳粗糙结构。水热法制备微纳二元粗糙结构是目前常用的方法之一。李坚院士团队对水热法以及低温水热法制备超疏水木材进行了一系列的研究。基于水热法在木材表面合成了 FeOOH、TiO_2、Cu_2O、$CoFe_2O_4$、WO_3（Wang 等，2012；Gao 等，2015；Gao 等，2015；Gan 等，2016；Hui 等，2015；Hui 等，2016）等多种纳米颗粒，随后采用疏水硅烷试剂以及含氟试剂进行低表面能修饰，所制备的涂层具有优异的超疏水性，以及耐高温高湿、耐光辐射、耐磨损等性能，同时，还能实现多功能性。Sun 等（2011）采用水热法在木材表面成功地生长了疏水二氧化钛（TiO_2）。锐钛矿型 TiO_2 在水热过程中通过氢基团与木材表面发生化学结合。研究表明，处理后木材的疏水性主要取决于特定的反应条件，尤其是反应 pH 值和水热温度。水热温度为 130℃时，WCA 最高达 154°，经处理的木材具有超疏水表面。

4.3.5 化学气相沉积法

气相沉积法是将反应物汽化，然后与基质材料发生反应，在基质表面沉积或者固着反应物的方法。气相沉积法可用于构建粗糙表面或者在粗糙表面沉积膜层，还可以在膜层或者其他粗糙结构上修饰低表面自由能物质。田根林等（2010）在竹材表面气相沉积甲基三氯硅烷，构建出呈纳米棒阵列和纳米线网状排列的疏水层，形成的超疏水膜水接触角达 157°，滚动角接近 0°。Huang 等（2016）将纳米纤维素（NFC）乙醇悬浮液喷涂到以商业黏合剂覆盖的木材表面，采用化学气相沉积法进行改性，制备了半透明的 NFC 超疏水涂层。结果表明，该涂料除具有良好的超疏水性和自清洁性外，还具有优异的耐磨性和耐久性，能够抵抗砂纸磨损、刀刮、手指擦拭、长期浸水、紫外线辐射和低温，具有良好的发展潜力和应用前景。

4.3.6 湿化学法

湿化学法是通过在溶液中反应形成共沉淀，生成如纳米棒、纳米球等来提高表面粗糙度。一般都是基质材料直接接触反应混合溶液，最终在基质表面生成膜层，从而改变表面的化学成分和粗糙度。生成的纳米结构和基质表面的结合方式取决于反应液与基质材料的化学性质。Liu 等（2015）采用湿化学法，使用醋酸锌与三乙胺在木材表面负载排列紧密的片状纳米 ZnO，形成粗糙结构，而后使用低表面能物质硬脂酸修饰木材表面，获得了超疏水木材，接触角为 151°。Wang 等（2011）采用同样的方法，使用硝酸锌、尿素、氨水等混合而成的碱性溶液，在木材表面生成了棒状纳米氧化锌，使用硬脂酸修饰木材表面后，获得的超疏水木材接触角为 153.5°。

4.3.7 等离子体技术

等离子体技术是利用有机单体气体或者混合气体放电来激发单体，从而在基质表面沉积聚合物薄膜。Xie 等（2015）把 O_2 作为等离子体反应气体，经过等离子体技术处理后，在木材表面形成了纳米级粗糙度，再通过等离子体沉积的方法，分别使用疏水的五氟乙烷（PFE）和亲水的类金刚石材料（DLC）对其进行表面处理，得到的改性木材水接触角均能达到 150°以上。Chen 等（2017）以六甲基二硅氧烷为低压力介质阻挡放电（DBD）等离子体处理木材表面得到超疏水木材表面。研究表明，六甲基二硅氧烷首先形成具有活性自由基和疏水基团的大分子结构，同时，等离子体处理后在杨木表面产生了活性位点和自由基。最后大分子与自由基反应并与木材表面的活性位点接枝，形成了 Si-O-Si 和 Si-O-C 低表面能基团的超疏水表面。

4.3.8 表面接枝共聚

表面接枝共聚是将低表面能物质或成分通过化学键与木材的羟基等活性基团键合，从而将疏水物质接枝到木材基质上，以提高木材的疏水性能。Liu 等（2011）以甲基硅酸钾（PMS）为原料，采用溶液浸泡法制备了超疏水木材表面。反应包括氢键组装和缩聚过程，将 PMS 水溶液与 CO_2 反应生成硅醇，通过氢键作用将其与木材表面羟基结合。通过木材与硅醇间的羟基缩聚反应制备了聚甲基倍半硅氧烷涂层。结果表明，粗糙的突起均匀地覆盖于木材表面，从而使木材表面由亲水性转变为超疏水性，制备的超疏水木材表面水接触角约为 153°，滚动角约为 4°。Sèbe 等（2001）首先通过马来酸酐（MAH）和丙烯基缩水甘油醚（AGE）对木材进行预处理，然后将硅树脂接枝到木材表面，所制备的超疏水木材表面水接触角大于 150°。Fu 等（2012）利用原子自由基聚合技术（ATRP）接枝聚甲基丙烯酸甲酯（PMMA）到木材表面，制备的超疏水木材表面接触角达到 140°。

4.4 多功能超疏水木材的相关研究

超疏水木材在实际使用过程中，除了疏水性能，某些应用场合还需木材具备其他功能，比如应用于室内外建筑和装饰时，超疏水木材还需要具备疏油、除尘、疏染料等自清洁效果；用于园林景观建筑、木栅栏、露台地板等场合时，超疏水木材还需具备耐腐朽、阻燃、耐光老化等性能；对于某些特殊需求的场合，超疏水木材还需具备微波吸收、磁性、超疏水超亲水转换等特殊性能。近年来，为了提高超疏水木材的应用范围，实现超疏水木材的高附加值利用，学者们开展了多功能超疏水木材的研究（屠坤坤，2017）。

4.4.1　自清洁

荷叶表面是典型的超疏水表面，同时其具有良好的自清洁效果。超疏水木材的自清洁效果体现在三个方面：疏油、除尘、疏常见液体。超疏水木材对油的自清洁特性可以通过测量油（乙二醇、植物油）在超疏水表面的接触角来表征，表面粗糙度越大，油在其表面的接触角越大（Hsieh 等，2011）；或者将超疏水木材浸润到油中，观察木材表面对油的吸附情况。灰尘在木材表面会产生静电吸附作用，可以用水对覆盖了灰尘的超疏水木材进行清洗，水滴在木材表面容易滚动并带走附着在其表面的灰尘，起到自清洁的效果。实验过程中可以将锐钛矿粉末、碳粉、碳化硅粉末、染料撒在超疏水木材表面，用水滴将其带走，来模拟除尘过程（Cai 等，2015；Li 等，2016）。为了拓展超疏水木材自清洁的范围，可以测试超疏水木材对常见的液体如咖啡、红酒、可乐、牛奶、酱油、茶、墨水和染料等的自清洁效果（Hsieh 等，2011；Cai 等，2015），这些液体的表面能不同，在超疏水木材表面的接触角也会不同。超疏水木材表面可以始终保持干燥洁净的状态，对于实际应用具有重要意义。

4.4.2　耐老化

实际使用超疏水木材时，由于环境多变，超疏水木材会受到各种老化因素影响，导致疏水性能降低和变色等问题。通常来讲，常见的老化有紫外光老化以及高温湿热老化。构建微纳米结构所用的无机纳米粒子 TiO_2、ZnO 具有良好的抗紫外光性能，能够赋予超疏水涂层耐光老化性能，可提高超疏水木材的室外耐久性（刘明等，2015；Guo 等，2016；Sun 等，2012；Wang 等，2014）。可以通过紫外光老化实验箱等设备测试超疏水木材的耐光老化性能，通过浸泡酸碱、有机溶剂等模拟严苛环境测试超疏水木材的耐久性，通过对比老化前后超疏水木材表面接触角和滚动角的变化来表征耐老化性能。

4.4.3　耐腐抑菌

提高木材防腐防霉性是避免或减少各种生物对木材侵害的有效手段。超疏水防霉抗菌性木材的作用原理在于：一方面，由于优异的憎水性能消除了微生物生存必需的水源；另一方面，化学药剂处理后失去了微生物营养物质的来源。构建超疏水木材表面所需微纳粗糙度时添加的 ZnO、Ag、Cu 等纳米粒子具有良好的抑菌性能。李坚（2015）等利用水热法在木材表面构建了 Ag/TiO_2 复合涂层，经过氟硅烷修饰后，制备出超疏水木材，具有良好的抑菌效果，其抑菌性来源于具有杀菌活性的 Ag 纳米粒子。木材在使用过程中受到酸碱等液体侵蚀，容易发生变色、力学强度变低等问题，这是酸碱对木材的抽提作用所致。通常，超疏水表面不但对水具有超疏性，对 pH＝1～14 的腐蚀性液体也具有超疏性。因此，超疏水表面可以有效改善腐蚀性液体对木材的侵蚀。

4.4.4 阻燃

在超疏水木材表面负载具有阻燃效果的 TiO_2 和 ZnO 等纳米粒子，能够赋予超疏水木材良好的阻燃性能。Li 等（2015）采用水热法分别在竹材表面沉积了 TiO_2 纳米粒子和网状纳米 ZnO，而后在其表面分别采用十六烷基三甲氧基硅烷（OTS）和 FAS-17 进行低表面能修饰，成功制备了具有阻燃性能的超疏水涂层。超疏水处理的木材具有一定的阻燃性能，更适合作为建筑用材和功能化材料。

4.5 多功能疏水木材研究案例

多功能疏水木材研究案例见表 4-1。

表 4-1 多功能疏水木材研究案例

方法	试剂	超疏水木材表面制备流程	文献出处
溶胶凝胶法	正硅酸乙酯（TEOS）；氨丙基三乙氧基硅烷（KH550）；氨水（NH₃·H₂O）；无水乙醇	① 在室温下，清洗杉木试样，在 60℃干燥箱内干燥，待用。 ② 将 NH₃·H₂O，去离子水（H₂O）及无水乙醇混合、搅拌，得到均匀溶液 A；将 TEOS 与无水乙醇混合、搅拌，得均匀溶液 B。将 B 溶液缓慢倒入 A 溶液中，并加入 KH550，配制成处理液。 ③ 将装有处理液与杉木试样的烧瓶置于 25℃水浴锅内进行磁力搅拌。6h 后取出试样，用无水乙醇清洗试样，放入 60℃真空干燥箱内干燥 6h，即可获得的超疏水试样，称为 TEOS＋KH550 试样	贾闪闪（2016）
层层自组装法	聚二烯丙基二甲基氯化铵（PDDA）；纳米 SiO₂；POTS	① LBL 制备纳米 SiO₂/木材复合材料：将木材试样浸入含有阳离子 PDDA 的溶液中并磁力搅拌，取出后用超纯水清洗；然后浸入 100mL 含有阴离子纳米 SiO₂ 的溶液中并磁力搅拌，取出后用超纯水清洗。重复上述步骤并保证最后一层为纳米 SiO₂，即可得到 PDDA/SiO₂ₙ（n＝1,3,5,7,9）自组装复合多层膜。最后将样品放入 80℃真空干燥箱中干燥 24h。 ② POTS 修饰纳米 SiO₂/木材复合材料：首先将制备好的试样浸入装有 POTS 溶液的密闭容器中，在 125℃加热 2h，使 POTS 蒸气分子中的硅烷基与纳米 SiO₂ 中的羟基完全反应。为了挥发掉木材表面的多余 POTS 分子，再将试样放入另一个干净的密闭容器中，在 140℃加热 2h。最终，制备得到超疏水木材	卢茜（2016）

方法	试剂	超疏水木材表面制备流程	文献出处
表面涂覆法	甲基丙烯酸甲酯(MMA);三羟甲基丙烷三甲基丙烯酸酯(TT);偶氮二异丁腈(AIBN);间二甲苯;三羟甲基甲烷(TMP);聚四氢呋喃(PTHF);TDI-100;丙酮;亲水纳米气相SiO₂;甲酸;1H,1H,2H,2H-全氟癸基三甲氧基硅烷等	① 超疏水 SiO₂ 粒子的制备:用分析天平称取亲水纳米气相SiO₂ 使之溶解于丙酮中,然后利用超声波细胞破碎仪超声,使之分散均匀。然后加入1H,1H,2H,2H-全氟癸基三甲氧基硅烷、甲酸,磁力搅拌 30min,即得到超疏水 SiO₂ 粒子(分散剂为丙酮)。 ② PU+PMMA 混合弹性胶的制备:a. 量取 MMA、TT 与 AIBN 加入丙酮中,不断搅拌;b. 称量 TMP 加入另一烧杯中,并加入间二甲苯,磁力搅拌下再加入 PTHF,然后在其中加入 TDI-100,磁力搅拌 5min,将①所得的溶液加入其中,在 60℃避光条件下磁力搅拌 24 h,即得到流动性好的 PU+PMMA 混合弹性胶。 ③ 耐磨超疏水木片的制备:将得到的流动性好的胶用喷枪喷涂在木片表面,室温下静置 10min 后,喷涂制得的超疏水 SiO₂ 粒子,待丙酮完全挥发后,即得到耐磨性较好的超疏水木片	郭于田(2018)
水热法	钛酸四丁酯(TBOT);十二烷基硫酸钠(SDS);无水乙醇	① 首先将 TBOT 溶于无水乙醇中,磁力搅拌 30min,移入聚四氟乙烯内衬的水热反应釜。将备好的木材试样放入其中,密封后放入烘箱进行第一阶段的水热反应。 ② 第一阶段水热反应结束后,将反应釜自然冷却到室温,打开反应釜,加入不同 pH 值的 SDS 溶液进行二次水热反应,水热温度为 70℃,水热时间为 4h。反应结束后,取出木材样品,去离子水超声清洗 30min,然后将所得样品放入 45℃真空干燥箱内干燥 48h 后取出	孙庆丰(2021)
化学气相沉积法	氯化镁(MgCl₂);甲基三氯硅烷(CH₃Cl₃Si)	① 样品制备:将毛竹试件在去离子水中超声清洗后放置于恒温恒湿箱中,在温度 20℃、相对湿度 35%的条件下平衡 4 周以上。 ② 疏水性表面的制备:将样品分为 2 组,每组 6 个样品,置于容积为 6L 的常压密闭容器内,容器内部用氯化镁饱和溶液调节相对湿度在 33%左右,平衡 1~2d。然后用移液管快速滴加 300μL 的甲基三氯硅烷至容器内部的悬空托盘上,使其快速汽化并与容器内的气态水分子发生反应,12h 后取出 1 组样品,对剩余 1 组样品重复上述操作 2 次	田根林(2010)
湿化学法	六水硝酸锌[Zn(NO₃)₂·6H₂O];氯化铵(NH₄Cl);尿素[(NH₂)₂CO];氢氧化钠(NaOH);硬脂酸(C₁₇H₃₅COOH);丙酮;正己烷	将一定量的 Zn(NO₃)₂、尿素、NH₄Cl、NaOH 加入聚四氟乙烯烧杯中制备水溶液。将木材样品小心地悬浮在溶液中,然后将溶液加热至 90℃。在相同温度下搅拌 20~24h。溶液的 pH 值保持在 10±0.5,并在反应过程中通过 pH 计持续监测。合成后,用去离子水清洗木材基质,以去除其表面未反应的化学物质。然后用氮气将基质吹干 2min,然后在 80℃的烘箱中干燥 24h。处理后的样品在室温下悬浮在硬脂酸正己烷溶液中 48h。反应后,用丙酮彻底清洗每个样品,在室温下用氮气吹干,然后在 80℃烘箱中干燥	Wang(2011)

方法	试剂	超疏水木材表面制备流程	文献出处
等离子体技术	丙酮；甲醇；异丙醇；N_2(99.999%)；Ar(99.99%)；C_2H_2(100%)；O_2(99.996%)	① 试验前用 120# 的砂纸对试件表面进行砂光,氮气枪吹扫,然后剪切成 50 mm(轴向)×15 mm(径向)规格,在 105℃ 下烘干、密封、包装备用。大小为 15mm×15mm 的硅片依次用丙酮、甲醇和异丙醇清洗,氮气枪吹干。② 将准备好的木材单板和硅片一起放在等离子体反应室的下极板上,试验中将下极板加热至 110℃ 并保持恒定。刻蚀或沉积处理时的本底真空度均为 2.5Pa,刻蚀时所用气体为 O_2,流量控制在 20cm³/min;沉积 DLC 薄膜所用气体为 Ar 和 C_2H_2 的混合气体,流量分别为 30cm³/min 和 10cm³/min;通过调节真空泵的抽气速率使刻蚀和沉积时的工作压力均稳定在 66Pa,放电功率均设定为 120W;试验结束后向反应室缓慢通入 N_2 以打开反应室盖,取出样品进行分析	解林坤(2015)

参考文献

[1]　Wang S, Liu K, et al. Bioinspired surfaces with superwettability: New insight on theory, design, and applications [J]. Chemical Reviews, 2015, 115 (16): 8230-8293.

[2]　Feng L, Li S, Li Y, et al. Super-hydrophobic surfaces: From natural to artificial [J]. Advanced Materials, 2002, 14 (24): 1857-1860.

[3]　Zheng Y, Gao X, Jiang L. Directional adhesion of superhydrophobic butterfly wings [J]. Soft Matter, 2007, 3 (2): 178-182.

[4]　Gao X, Jiang L. Water-repellent legs of water striders [J]. Nature: International Weekly Journal of Science, 2004, 432 (7013): 36.

[5]　Gao X F, Yan X, Yao X, Xu L, Zhang K, Zhang J H, Yang B, Jiang L. The dry-style antifogging properties of mosquito compound eyes and artificial analogues prepared by soft lithography [J]. Adv Mater, 2007, 19 (17): 2213-2217.

[6]　Ye C, Li M, Hu J, et al. Highly reflective superhydrophobic white coating inspired by poplar leaf hairs toward an effective "cool roof" [J]. Energy & Environmental Science, 2011, 4 (9): 3364-3367.

[7]　Liu K, Du J, Wu J, Jiang L. Superhydrophobic gecko feet with high adhesive forces towards water and their bio-inspired materials [J]. Nanoscale, 2012, 4 (3): 768-772.

[8]　Feng L, Zhang Y, Xi J, Zhu Y, Wang N, Xia F, Jiang L. Petal effect: a superhydrophobic state with high adhesive force [J]. Langmuir, 2008, 24 (8): 4114-4119.

[9]　Barthlott W, Schimmel T, Wiersch S, et al. The salvinia paradox: superhydrophobic surfaces with hydrophilic pins for air retention under water [J]. Advanced Materials, 2010, 22 (21):

2325-2328.

［10］ Liu M J, Wang S T, Wei Z X, Song Y L, Jiang L. Bioinspired design of a superoleophobic and low adhesive water/solid interface ［J］. Adv Mater, 2009, 21（6）: 665-669.

［11］ Liu X, Zhou J, Xue Z, Gao J, Meng J, Wang S, Jiang L. Clam's shell inspired high-energy inorganic coatings with under-water low adhesive superoleophobicity ［J］. Adv Mater, 2012, 24（25）: 3401-3405.

［12］ Yang S, Ju J, Qiu Y, He Y, Wang X, Dou S, Liu K, Jiang L. Peanut leaf inspired multifunctional surfaces ［J］. Small, 2014, 10（2）: 294-299.

［13］ 孙庆丰, 杨玉山, 党宝康, 陈逸鹏, 王媛媛, 张佳宜, 邱坚. 仿生超疏水木材表面微纳结构制备研究进展 ［J］. 林业工程学报, 2021, 6（02）: 2096-1359.

［14］ Young, T. An essay on the cohesion of fluids ［J］. Philosophical Transactions of the Royal Society of London, 1805, 95: 65-87.

［15］ 王开立. 基于表面微纳结构设计的超疏水木材制备与作用机制 ［D］. 北京: 北京林业大学, 2019.

［16］ WenzelRN. Resistance of solid surfaces to wetting by water ［J］. Industrial & Engineering Chemistry, 1936, 28（8）: 988-994.

［17］ Cassie A B D, Baxter S. Wettability of porous surfaces ［J］. Transactions of the Faraday Society, 1944, 40: 546-551.

［18］ 贾闪闪, 刘明, 卿彦, 王爽, 吴义强. 一步溶胶凝胶法制备木基超疏水层的研究 ［J］. 木材工业, 2016, 30（03）: 17-20.

［19］ 梁金, 吴义强, 刘明. 溶胶-凝胶原位生长制备超疏水木材 ［J］. 中国工程科学, 2014, 16（04）: 87-91.

［20］ Wang S, Liu C, Liu G, et al. Fabrication of superhydrophobic wood surface by a sol-gel process ［J］. Applied Surface Science, 2011, 258（2）: 806-810.

［21］ Wang C, Ming Z, Yang X, et al. One-step synthesis of unique silica particles for the fabrication of bionic and stably superhydrophobic coatings on wood surface ［J］. Advanced Powder Technology, 2014, 25（2）: 530-535.

［22］ 卢茜, 胡英成. 层层自组装 SiO_2/木材复合材料的超疏水性及其形成机制 ［J］. 功能材料, 2016, 47（07）: 7109-7113.

［23］ Vaclav Ś, Veronika K, Radovan T. Superhydrophobic coating of European oak（quercus robur）, European larch（larix decidua）, and scots pine（pinus sylvestris）wood surfaces ［J］. Bioresources, 2017, 12（2）: 3289-3302.

［24］ Rao X, Liu, Y, et al. Formation and properties of polyelectrolytes/TiO_2 composite coating on wood surfaces through layer-by-layer assembly method ［J］. Holzforschung, 2016, 70（4）: 361-367.

［25］ Xi L, Yingcheng H. Layer-by-layer deposition of TiO_2 nanoparticles in the wood surface and its superhydrophobic performance ［J］. Bioresources, 2016, 11（2）: 4605-4620.

［26］ 郭于田, 孙晓晗, 许月伟, 龙瑞. 在木材表面制备一种稳定且耐久的超疏水涂层的方法 ［J］. 广东化工, 2018, 45（12）: 19-20.

［27］ Gao, Z, Ma M, et al. Improvement of chemical stability and durability of superhydrophobic wood surface via a film of TiO_2 coated $CaCO_3$ micro-/nano-composite particles ［J］. RSC ADV, 2015, 5: 63978-63984.

[28]　Huang J, Wang S, Lyu S, et al. Preparation of a robust cellulose nanocrystal superhydropho-
bic coating for self-cleaning and oil-water separation only by spraying [J]. Industrial Crops
and Products, 2018, 122: 438-447.

[29]　Wu Y, Jia S, Shuang W, et al. A facile and novel emulsion for efficient and convenient fabri-
cation of durable superhydrophobic materials [J]. Chemical Engineering Journal, 2017,
328: 186-196.

[30]　Wang S, Wang C, Liu C, et al. Fabrication of superhydrophobic spherical-like α-FeOOH
films on the wood surface by a hydrothermal method [J]. Colloids and Surfaces A: Physico-
chemical and Engineering Aspects, 2012, 403: 29-34.

[31]　Gao L, Lu Y, et al. Reversible photocontrol of wood-surface wettability between superhydro-
philicity and superhydrophobicity based on a TiO_2 film [J]. Journal of Wood Chemistry &
Technology, 2015: 35 (5): 365-373.

[32]　Gao L, Xiao S, et al. Durable superamphiphobic wood surfaces from Cu_2O film modified with
fluorinated alkyl silane [J]. RSC ADV, 2015, 5 (119): 98203-98208.

[33]　Gan W, Gao L, Zhang W, et al. Fabrication of microwave absorbing $CoFe_2O_4$ coatings with
robust superhydrophobicity on natural wood surfaces [J]. Ceramics International, 2016, 11
(42): 13199-13206.

[34]　Hui B, Wu D, Huang Q, et al. Photoresponsive and wetting performances of sheet-like nano-
structures of tungsten trioxide thin films grown on wood surfaces [J]. Rsc Advances, 2015,
5 (90): 73566-73574.

[35]　Hui B, Li G, Li J, et al. Hydrothermal deposition and photoresponsive properties of WO_3 thin
films on wood surfaces using ethanol as an assistant agent [J]. Journal of the Taiwan Institu-
te of Chemical Engineers, 2016, 64: 336-342.

[36]　Sun Q, Yun L, Liu Y. Growth of hydrophobic TiO_2 on wood surface using a hydrothermal
method [J]. Journal of Materials Science, 2011, 46 (24): 7706-7712.

[37]　田根林, 余雁, 王戈, 等. 竹材表面超疏水改性的初步研究 [J]. 北京林业大学学报, 2010, 32
(3): 166-169.

[38]　Huang J, Lv S, Fu F, et al. Preparation of superhydrophobic coating with excellent abrasion
resistance and durability using nanofibrillated cellulose [J]. RSC Advances, 2016, 6 (108):
106194-106200.

[39]　Liu M, Qing Y, Wu Y, et al. Facile fabrication of superhydrophobic surfaces on wood sub-
strates via a one-step hydrothermal process [J]. Applied Surface Science, 2015, 330:
332-338.

[40]　Wang C, Piao C, Lucas C. Synthesis and characterization of superhydrophobic wood surfaces
[J]. Journal of Applied Polymer Science, 2011, 119 (3): 1667-1672.

[41]　Xie L, Tang Z, Jiang L, et al. Creation of superhydrophobic wood surfaces by plasma etching
and thin-film deposition [J]. Surface and Coatings Technology, 2015, 281: 125-132.

[42]　Chen W, Zhou X, Zhang X, et al. Fast enhancement on hydrophobicity of poplar wood
surface using low-pressure dielectric barrier discharges (DBD) plasma [J]. Applied Surface
Science, 2017, 407: 412-417.

[43]　Liu C, Wang S, Shi J, et al. Fabrication of superhydrophobic wood surfaces via a solution-
immersion process [J]. Applied Surface Science, 2011, 258 (2): 761-765.

[44] Sèbe G, Brook M A. Hydrophobization of wood surfaces: covalent grafting of silicone poly-mers [J]. Wood Science and Technology, 2001, 35（3）: 269-282.

[45] Fu Y, Li G, Yu H, et al. Hydrophobic modification of wood via surface-initiated ARGET ATRP of MMA [J]. Applied Surface Science, 2012, 258（7）: 2529-2533.

[46] 屠坤坤. 木材表面高强耐久超疏水涂层的可控制备与性能研究 [D]. 北京: 中国林业科学研究院, 2017.

[47] Hsieh C, Chang B, Lin J. Improvement of water and oil repellency on wood substrates by using fluorinated silica nanocoating [J]. Applied Surface Science, 2011, 257（18）: 7997-8002.

[48] Cai P, Bai N, Xu L, et al. Fabrication of superhydrophobic wood surface with enhanced envi-ronmental adaptability through a solution-immersion process [J]. Surface and Coatings Tech-nology, 2015, 277: 262-269.

[49] Li J, Lu Y, Wu Z, et al. Durable, self-cleaning and superhydrophobic bamboo timber surfaces based on TiO_2 films combined with fluoroalkylsilane [J]. Ceramics International, 2016, 42（8）: 9621-9629.

[50] 刘明, 吴义强, 卿彦, 田翠花, 贾闪闪, 罗莎, 李新功. 木材仿生超疏水功能化修饰研究进展 [J]. 功能材料, 2015, 46（14）: 14012-14018.

[51] Guo H, Fuchs P, Cabane E, et al. UV-protection of wood surfaces by controlled morphology fine-tuning of ZnO nanostructures [J]. Holzforschung, 2016, 70（8）: 699-708.

[52] Sun Q, Lu Y, Zhang H, et al. Improved UV resistance in wood through the hydrothermal growth of highly ordered ZnOnanorod arrays [J]. Journal of Materials Science, 2012, 47（10）: 4457-4462.

[53] Wang X, Liu S, Chang H, et al. Sol-gel deposition of TiO_2 nanocoatings on wood surfaces with enhanced hydrophobicity and photostability [J]. Wood & Fiber Science Journal of the Society of Wood Science & Technology, 2014, 46(1): 109-117.

[54] 李坚, 高丽坤. 光控润湿性转换的抑菌性木材基银钛复合薄膜 [J]. 森林与环境学报, 2015（3）: 193-198.

[55] Li J, Sun Q, Yao Q, et al. Fabrication of robust superhydrophobic bamboo based on ZnO nanosheet networks with improved water-, UV-, and fire-resistant properties [J]. Journal of Nanomaterials, 2015（3）: 1-9.

[56] Li J, Zheng H, Sun Q, et al. Fabrication of superhydrophobic bamboo timber based on an ana-tase TiO_2 film for acid rain protection and flame retardancy [J]. Rsc Advances, 2015, 5（76）: 62265-62272.